TRAVEL TO LOVE

PHOTO AND WRITTEN BY MINO

MET IN KHAOSAN, WED IN LAOS, WALKED TO SHANGRILA

TRAVEL TO LOVE

TRUE STORY

FROM THAILAND TO CHINA

———

MET IN KHAOSAN, WED IN LAOS, WALKED TO SHANGRILA

PHOTO AND WRITTEN BY MINO

TRAVEL TO LOVE

여행하다 결혼하다

글과 사진 **미노**

CONTENTS

TRUE STORY

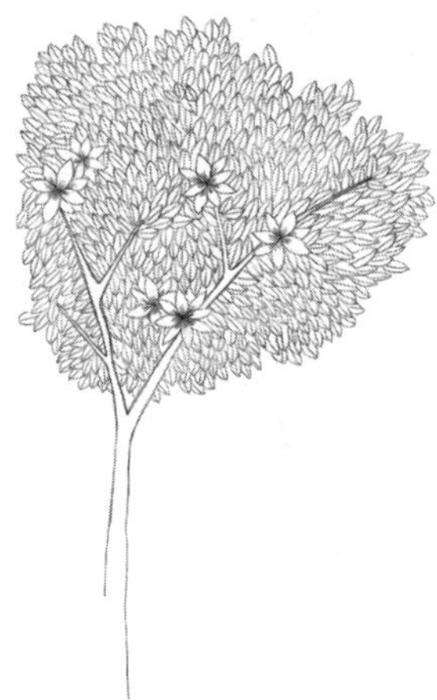

PROLOGUE

TRAVELER

다시, 여행자가 되다

아무것도 못 하는 나이, 서른 여섯. 스물 여덟 살에, 나는 방송국 4년차 예능작기였디. 일도 많고, 기히두 많고, 워고료도 오르고, 방송작가로서 본격적으로 데뷔하던 시절이었다. 동료들은 더욱 일 욕심을 내고 경력 쌓기에 열을 올리던 그 때, 나는 홀연 방송 일을 멈추고 유럽으로 날아갔다. 생애 처음으로 일년간의 긴 여행을 떠나면서, 나는 아무 계획도 욕심도 없었다. 그저 유럽에서 중동, 아프리카, 남미까지 세상에서 가장 느린 걸음으로 천천히 걷고 싶었다. 여행 5개월 만에, 평생 이름 한번 들어본 적 없었던 터키의 시골 마을에 마을 주민처럼 눌러앉는 사건이 일어났다. 낯선 나라의 말도 안 통하는 사람들이 친구가 되고 가족이 되는 동안 시간은 천천히, 그러나 매순간 설레면서 흘렀고, 그 곳에서 어느덧 8개월을 살았다. 그리고 생애 처음 내 속에 꽉 찬 신선하고 수상한 바람이 이야기가 되어 터져 나왔다.

2005년 봄 《수상한 매력이 있는 나라 터키》를 출간했고, 나는 생각지도 못하게 '여행 작가'라는 명찰을 달았다. 첫 책이 나온 후엔 곧장 아프리카로 날아가 8개월간 동아프리카의 오지 마을들을 헤매고 다녔다. 《미노의 컬러풀 아프리카》를 썼고 또 다음 해 겨울엔 다시 유럽으로 날아갔다. 그렇게 서른 세 살의 겨울까지 틈틈이 방송일을 하며 여행자금이 모일 때마다 뛰쳐나갔고, 지구를 천천히 뚜벅뚜벅 걸으며 여행기 세 권을 썼다.

나에게 여행은 직업이 아니다. 여행은 일상으로 돌아오는 과정이었다. 여행은 일상을 팽개치고 떠나는 것이지만 결국엔 일상을 여행처럼 가볍고 자유롭게 해준다고 믿었다. 그러나 일상은 언제나 배낭보다 무거운 무게로 돌아오고야 만다. 2009년 나는 서른 다섯 살이 되었고, 지난 2년간은 방송 일에만 파묻혀 지냈다. 그동안 여행경비에 쏟아 붓느라 언제나 제로 상태였던 통장이 조금씩 불어났고, 매일 똑같이 바빴고, 체력은 조금씩 떨어졌다. 가끔 새로운 관계와 흥미로운 사건들이 있었지만, 나를 채우기도 전에 시간에 쫓겨 달아나버렸다. 여행의 감수성들은 스멀스멀 멀어졌고, 어느새 나는 멀건 시공간의 불안과 압박에 납작 눌렸다. 그 해 어느 봄날 오후 2시, 나는 아주 오랜만에 '소개팅'이라는 자리에 앉아있었다.

"서른 여섯, 아무것도 못 하는 나이죠."

커피 한 모금이 목구멍에 탁 하고 걸렸다.

"있는 거라도 잘 지켜야 할 때가 되었다는 거죠. 하하하."

남자는 나 같은 삼십대 중반의 여자에게는 소위 '노다지'로 통한다는, 아직도 멀쩡하게 싱글로 남아 있는 '서른 여섯 살'이었다.

"그래서, 뭘 그렇게 지키고 계세요?"

"허, 그냥, 아파트가 하나 있습니다."
깔끔하게 넥타이를 매고, 아파트 한 채를 만들어온 삼십 오년간의 역사를 털끝만큼도 극적으로 각색하지 못한 채 있는 그대로 지루하게 떠들어대는 남자를, 서늘하게 쳐다보았다.

화려한 싱글녀로 산다는 것 그와 헤어진 뒤, 나는 서른 여섯의 문턱을 쳐다보며 돌아왔다. 그날 밤, 내 얼굴을 비추는 거울에 진도 9.0의 대지진이 내려쳤다. 나의 눈가와 입가에 '까칠한' 주름살들이 '도도하게' 일어나 있는 것이다! 그들은 나를 묶어놓고 갈라놓고 벌려놓으며 존재의 바닥에 묻어놓은 생의 진액까지 버썩 말려버렸다. 그 메마르고 냉정한 시간의 골에는 새로운 꿈 따위, 인생의 변화를 주도할 수 있는 어떤 에너지도 흐를 수 없을 것이다. 무려 2년여 동안 나는 채우는 것 없이 꺼내기만 했다는 것을 깨달았다. 숨이 막혔다. 부쩍 늘어난 온갖 가구들, 옷장에 들어찬 옷들, 신발장에 들어찬 신발들, 택시비와 외식비 명세서들, 까칠한 주름살과 맞바꾼 '화려한(?)' 싱글녀의 상처 입은 영광들이 비좁은 아파트 안에서 악다구니를 쓰고 있었다.
열 여섯 살에도, 스물 여섯 살에도, 그리고 서른 살에도, 나는 늘 무언가 하려고 했고, 늘 무언가 했었다. 평범한 모범생으로 사는 게 싫었던 열 여섯에는 괜히 독서실을 탈출하여 한밤의 큰길 중앙선을 걸었고, 대학시절에는 학보사 열혈기자가 되어 일주일에 사나흘 밤을 새며 전국을 돌아다녔고, 대학 졸업 무렵엔 80만 원이 든 예금통장 하나 달랑 든 채 무턱대고 가방을 싸서 서울에 올라왔다. 별나다는 말도 들었고, 대책 없다는 말도 들었지만, 새로운 날개를 펼 때의 그 설렘은 짜릿하고 행복했다.

별난 여자 백수가 되다

아무것도 못 하는 나이, 서른 여섯 살의 문턱에서 나는 무언가 하기로 했다. 얼마 후, 나는 지난 10여 년간 풋내 나는 야심을 위해 오르고, 전셋집을 만들기 위해 오르고, 내려갔다가도 오르고, 여행 경비를 마련하기 위해서 또 다시 오르던, 내 인생의 숨찬 오르막길 위에 도도하게 군림해온 방송국 16층에서 거침없이 노트북을 싸안고 내려왔다.
그동안 여행을 떠나기 위해서 여러 번 그만두긴 했지만, 이번엔 여행이 아니라 일상을 위해서 방송 일을 완전히 때려치웠다. 일상 밖으로 떠나는 대신, 일상 속에서도 행복할 수 있는 유일한 길, '백수'가 되어보기로 한 것이다. 생활비를 최소한으로 줄이고, 예전부터 가슴에 품어온 두 가지를 실행에 옮겼다. 그중에 하나, 대한민국 최고의 백수 열공생들이 모였다고 소문난 어느 학교에 갔다. ('수유 너머'라고 하는 이곳은 일종의 대중들을 위한 인문학교, 자유로운 연구공동체이다.)
고3시절처럼 하루 5시간도 못 잘 만큼 닥치는 대로 강의를 듣고, 대학시절처럼 토론과 사색에 열중하는 무리를 만났고, 오랜만에 밥을 먹듯 책을 읽었다. 그리고 또 하나, 그토록 꿈꾸던 '돈 벌기와 상관없는 글쓰기'에 도전했다. 이왕 '여행 작가'라는 명찰을 달았으니, '여행'이란 대체 무엇인지, 여행이 인생의 무엇을 어떻게 변화시킬 수 있다는 건지, 그것의 본질부터 파헤쳐보리라는 야심찬 시도였다. 백수는 아무것도 하지 않고 놀기만 하는 베짱이가 아니다. 백수에겐 소박하든 거창하든 '꿈'이 있어야 하고, 그 꿈을 위해 열심히 즐겁게 노력해야 한다. 백수는 일상 속에서 자유롭게 자신을 채울 수 있는 행복한 사람이다.

백수의 좋은 점이 또 하나 있다. 서른 여섯 살이 되면 주변에 두 무리가 남는다. 한창 삼십대 중후반의 심심가도를 달리며 안정된 경제력을 발판삼아 약간의 일탈과 도발을 꿈꾸는 독신녀 친구들, 일찌감치 유부남이 되어 늘어난 부양가족과 생활비에 숨이 차기 시작한 남자 선후배동기들.(우연인지 필연인지 내 친구들 중엔 유부녀가 없다.) 그런데 재미있게도 이 둘만큼 자석의 같은 극처럼 서로를 멀리하는 집단도 없다. 30대 잘 나가는 독신녀들은 요즘 한창 유행하는 연하남 거느리기가 로망이고, 30대 유부남들 역시 혹 바람을 피우더라도 20대 연하녀를 꿈꾼다.

두 무리는 어차피 서로에게 최하위 품절남, 노처녀들이면서, 동시에 서로의 그런 점이 결코 용서되지 않는 것이다. 그러나 용케도 나는 두 무리에 양다리를 걸치고 애정과 용서를 받을 수 있었다. 안정된 경제력은커녕 멀쩡한 일마저 때려치우고 철없는 스무 살처럼 대책 없이 자유와 반란을 꿈꾸는 '서른 여섯 살 백수 독신녀'이기 때문이다. 자유로운 영혼, 네 멋대로 사는 것도 멋지다며, 그들은 진심 반 가식 반으로 나를 걱정하면서 부러워하고, 자신들의 울타리 밖에 있는 '별난 여자'로 규정했다.

그러나 백수 생활은 만만한 게 아니었다. 백수에게 가장 어려운 숙제는 바로 스스로 꿈꾸고, 스스로 노력하고, 스스로 반성하는 것이다. 아니, 스스로 일어나고 스스로 밥을 먹고 스스로 잠드는 것부터가 힘겨운 숙제이다. 나는 직장, 월급, 적금 등 외부의 규칙에 의해 강제되는 일상이 오히려 쉬웠다는 걸 깨달아야 했다. 백수의 일상은 스스로의 내공으로 강제하는 긴장과 지속성으로만 변화시킬 수 있다. '백수'란, 그야말로 인간이 택할 수 있는 삶의 방식 중에 최상위, 최고난이도에 속하는 것이다.

우연한 오후 2시 나는 겨우 달콤한 자유를 꿈꾸는 풋내기 백수에 불과했다. 여행을 하듯 일상을 즐기면 된다고 생각했던 나의 섣부름과 무지몽매함은 곧 무릎을 꿇었다. 문제는 글쓰기에서 촉발되었다. 나의 야심작이자 내 인생 최초의 문제작, 다시는 단지 돈을 벌기 위해 인생을 낭비하지 않을 것이며 글 쓰는 백수로 행복하게 살아보리라 작정하고 펜을 잡아든 그 원고는, 결국 나를 야금야금 갉아먹고 자신감과 용기와 끈기마저 삶아먹기 시작했다. 그 놈을 껴안고 5개월이 넘도록 끙끙거리던 2010년 8월 6일 유난히 무더웠던 오후 2시, 나는 존재의 폭발을 체험했다. "아아악!!!" 아파트 베란다가 흔들거리도록 소리를 내지른 후 씩씩거리며 책상머리에 앉았다.

그 때 그 자리에는 삶의 우연한 길목처럼 불쑥 라오스 지도가 등장했다. 그 우연한 오후 2시로부터 인천공항 체크인 카운터에 줄을 서기까지는 불과 17시간밖에 걸리지 않았다. 인터넷을 뒤져 항공권을 손에 넣자마자 집을 청소하고 냉장고를 비우고 핸드폰, 인터넷, 신문, 건강보험 등등을 정지시키고 먼지 쌓인 여행 가방을 꺼냈다. 마지막 여행에서 돌아온 2007년 1월 이후 3년 반 동안 긴 잠에 빠져 있던 여행용품들이 화들짝 놀라며 깨어났다. 너무 오랜만이라 어떻게 가방을 싸야 하는지 기억이 나지 않았다. 오래전 네이버 블로그에 자칭 배낭여행 베테랑으로서 내가 직접 정리해서 올린 '짐싸기 노하우'편을 보니 웃음이 났다. 내가 써놓은 글을 내가 읽으며 밤새워 꼼꼼하게 짐을 쌌다. 그리고 새벽이 밝아오자마자 나의 행방불명을 우려할 가족과 친구들에게 짧은 문자메시지를 남겼다.

"저 오늘 라오스 갑니다. 찬바람 불기 전에 돌아올게요."

2010년 8월 7일 아침 9시 35분 타이항공 TG659편은 정확하게 활주로를 날았으며, 5시간 50분 후에 방콕 수완나품 국제공항에 착륙했다. 만 하루 만에 나는 여행자가 되었다.

เส้นทางลัด
ลาดพร้าว
(ซ. 112)
TAXI-METER
Mobile Easy
3lisstel
1388
IEC

Crepe
Fruit Shake
Dutch

Sandwich
Salami sandwich:
Ham sandwich:
Tuna sandwich:
Cheese sandwich:
Omlette sandwich:
Chicken sandwich:
Salami and cheese sandwich:
Ham and cheese sandwich:
Tuna and cheese sandwich:
Cheese and cheese sandwich:
Egg and Ham sandwich:
Egg and potato sandwich:

Fruits shake
Mixed fruits:
Mango:
Banana:
Papaya:
Apple:
Watermelon:
Dragon fruit:
Pearl:
Paper mint and lemon:
Banana chocolate milk:
Banana coffee milk:
Orange juice:
Lemon juice:

Crepe
- Blueberry jam with fruits: 7,000 k
- Straw berry jam with fruits: 7,000 k
- Chocolate with fruits: 7,000 k
- Orange jam with fruits: 7,000 k
- Vanilla with fruits: 7,000 k
- Pandan custard with fruits: 7,000 k
- Honey with fruits: 7,000 k
- Sweeten milk with fruits: 7,000 k
- Sugar and Lemon: 10,000 k
- Nutella with fruits: 10,000 k
- Peanut Butter with fruits: 10,000 k
- Chocolate ice cream: 10,000 k
- Straw berry ice cream: 10,000 k
- Coconut ice cream: 10,000 k
- Vanilla ice cream: 10,000 k
- Chocolate ice cream with fruits: 15,000 k
- Straw berry ice cream with fruits: 15,000 k
- Coconut ice cream with fruits: 15,000 k
- Vanilla custard ice cream with fruits: 15,000 k

Crepe
- Salami: 10,000 k
- Ham: 10,000 k
- Crab stick: 10,000 k
- Tuna: 10,000 k
- Cheddar cheese: 10,000 k
- Egg: 10,000 k
    10,000 k
cheddar cheese: 15,000 k
cheddar cheese: 15,000 k
stick and cheddar cheese: 15,000 k
and cheddar cheese: 15,000 k
and cheddar cheese: 15,000 k
n and cheese: 15,000 k
Mixed:

Phousy
Water

mino story

Who are we
to deny
wats true

TRAVEL TO LOVE

THAILAND

KHAO SAN, BANGKOK

1

방콕으로 배달된 남자

MAN DELIVERED TO BANGKOK

사건이 일어나기 전,

동대문

수천 킬로미터 밖에 흩어져 살던 그들은 어느
여름 이 작은 공간에서 오로지 '방콕 여행자'란
신분으로 한꺼번에 만난다. 좁은 침대 사이사이에
이십여 명이 복닥거리면서 얼굴을 맞대고 팔다리를
부딪치면서. 각자의 소소한 삶들이 일상의
다리를 건너 이곳에 모이면 뜻밖의 만남,
놀라운 사건, 소설 같은 이야기로 엮이기도 한다.

창 밖에서 수런수런 바람이 불어왔다. 말을 걸어오는 바람, 이 바람에 대해 나는 오래 전부터 잘 알고 있었다. 이곳엔 모든 것이 있고, 사실은 아무것도 없다. '올 앤드 낫싱(all and nothing).' 어느 날 바람의 계시를 받은 전 세계 곳곳의 전혀 다른 삶을 살던 사람들이 누군가는 '올'을 찾아, 누군가는 '낫싱'을 찾아 이곳에 모인다. 여행자의 천국이라고 불리는 놀라운 도시, 방콕에.

방콕의 여행자 거리 '카오산(KhaoSan)'은 여행자들의 우주정거장이다. 유럽, 미국, 호주, 일본과 한국 등 전 세계 곳곳의 수많은 항공편이 방콕으로 여행자를 실어 나른다. 여행자들은 수완나품 국제공항에서 고속버스를 타고 곧장 카오산으로 온다. 이 조그만 거리에서 출발하는 여행자 버스는 놀랍게도 베트남, 라오스, 캄보디아, 말레이시아 등 동남아시아 어디로든 연결된다. 국제선 항공권을 전 세계 최저가로 살 수 있으며, 모든 비자 문제를 해결할 수 있다. 저렴한 게스트하우스와 호텔들, 다국적 요리와 다양한 간식거리들, 레게머리와 타투로 히피버전을 완성시켜주는 여행 패션 전문가들, 여행용품 전문점, 댄스클럽과 라이브 카페와 커피숍, 맥주홀 등 여행자를 위한 모든 것이 이곳에 있다.

그러나 또한 카오산에는 아무것도 없다. 꼭 보아야만 하고 꼭 해봐야만 하는 관광의 숙제가 없다. 마음만 먹으면 언제 어디로든 쉽게 떠날 수 있기 때문에 시간의 재촉도 없다. 먹고 자고 마시고 즐기는 모든 것이 쉽다. 만남도 쉽고, 헤어짐도 쉽고, 재회도 쉽다. 그러므로 이곳에는 간절함과 욕망 같은 것이 없다. 카오산에는 왜 여기에 일주일이고 한 달이고 머물고 있는지 이유 따위를 묻는 이가 없다. 왜냐고 묻는다면 '낫싱(Nothing)'이다.

세계에서 가장 다양한 국적의 다양한 로망을 가진 여행자들이 다양한 목적지를 향해 거쳐 가는 곳. 여행자들의 인터섹션. 카오산에 한 번 왔던 여행자들은 반드시 다시 이곳을 찾는다. 특별한 소란과 즐거움과 흥분, 전 세계 어디에도 없는 '유쾌하고 자유로운 꾀죄죄함' 때문에.

그러나 나의 목적지는 방콕이 아니다. 나는 '올'을 찾아온 것도, '낫싱'을 찾아온 것도 아니다. 가방을 꾸렸을 때, 나는 라오스에 가기로 결심했다. 라오스 직항 항공편이 없었기 때문에 우선 방콕으로 왔던 것이다. 방콕에서 라오스 국경까지 버스와 기차가 운행된다는 얘길 들었고, 천천히 육로로 라오스 북부의 고대도시 '루앙프라방'으로 올라가려고 했다. 라오스로 가는 것도 아주 특별한 이유가 있었던 건 아니었다. 2010년 8월 6일 우연한 오후 2시, 나는 문득 벽에 붙여둔 라오스 지도를 보았던 것이다. 삶은 여행처럼 흥미롭다. 여행처럼 불쑥 길목을 만나고, 나는 멈춰 설 수밖에 없다.

이상한 지연

나는 라오스의 문턱에서 자꾸만 미끄러졌다. 수완나품 국제공항 인근에는 태국 북부의 라오스 국경지대까지 가는 버스가 있었다. 그러나 입국장을 빠져나온 오후 2시 무렵 공항 입구의 '에어포트 익스프레스 버스 AE2'를 발견해버렸다. 이 버스는 방콕 시내의 카오산 거리까지 30분이면 도착한다. 버스 스탠드에는 키보다 높은 묵직한 배낭을 부려놓은 여행자들이 야릇한 긴장과 설렘을 품고 앉아있었다. 나는 최면에 걸린 듯 그들과 함께 AE2 버스에 올라탔다. 그리고 며칠만 방콕에 머무르기로 했다. 8년 전에 묵었던 '뉴 씨암 게스트하우스'에 짐을 풀었다. 뉴 씨암이 있는 골목은 카오산에서 가장 인기 있는 숙소가 몰려있는 곳이고, 그만큼 언제나 소란스럽다. 그런데 뉴 씨암 바로 옆에, 뭔가 다른 분위기를 풍기는 대문이 하나 있었다. '어엉?' 하고 쳐다보다가 '동대문'이라는 한국어를 발견했다. 나는 다음날 바로 옆집 동대문으로 짐을 옮겼다.

그 때 내가 어떤 엄청난 운명의 문을 열려고 한 것인지, 정말이지 몰랐다. 동대문, 그것은 쉽게 열렸고 '도미토리 200바트(Baht, 태국의 화폐단위. 32바트≒1000원)'란 안내판이 나를 안내했다. 스물두 살에 첫 여행을 나선 후 일부러 한인업소를 찾아간 적은 없으면서, 그것도 바로 어제 한국을 떠나왔으니 한국말, 한국밥이 그리울 리도 없으면서, 왜 나는 그 때 방콕에 있는 한국인들이 궁금했던 것일까.

이곳에서는 게스트하우스들의 국적도
다양하다. 한국인들의 사랑방인
'동대문', '홍익인간'처럼 특정 국적의
여행자들만 '끼리끼리' 모이는 숙소들이
골목 구석구석에 숨어있다.

민주주의가 실현되는 도미토리

야전병원. 수녀원. 병원 신생아실. 사람들이 일렬로 열 맞춰 누워있는 공간……. '도미토리'는 인간들과 침대들, 그 이상도 그 이하도 없는 세상에서 가장 간소한 침실, 오로지 잠을 자는 것밖에는 아무것도 허락되지 않는 공간이다.

방콕의 유명한 한인업소 '동대문' 2층 도미토리에는 약 60제곱미터 남짓한 방 안에 11개의 2층 침대가 70센티미터 간격으로 질서정연하게 줄지어 있고, 2대의 에어컨과 3대의 선풍기가 나란히 공중에서 돌아간다. 이곳은 여행자의 민주주의가 실현되고 있는 곳이다. 한국에서 어떻게 살아왔든 방콕에서 어떻게 지내고 있든 이곳에선 22개의 똑같이 생긴 침대 위에 눕혀져 있는 하나의 인간일 뿐이다. 수천 킬로미터 밖 전국팔도에 흩어져 살던 그들은 어느 여름 이 작은 공간에서 오로지 '방콕 여행자'란 신분으로 한꺼번에 만난다.

특히 아침에는 도미토리의 '민주주의'가 얼마나 이상적으로 실현되는지 확인할 수 있다. 방문 앞에 있는 세 개의 세면대 앞에 헝클어진 머리에 구겨진 옷차림의 남녀들이 잠이 덜 깬 무방비의 상태로 양치질을 하고 있다. 그 구부정한 어깨들 위에는 직업, 나이, 학력, 경제력 그 어떤 것도 얹혀 있지 않은 건 물론이며, 무엇보다도 '미모'를 알 수 있는 그 어떤 단서도 드러나지 않는다. 도미토리는 가장 실현되기 어렵다는 '외모의 민주주의'마저 완벽하게 실현되는 곳이다. 만약 이곳에서 누군가 나에게 반한다면, 그거야말로 완벽하게 지금 이 순간 보이는 '나'라는 존재 자체에 반한 것이다. 그래서일까. 이곳에서 3일 후 내 인생을 뒤흔든 대사건이 발생한다. '도미토리'라는 장소가 이 사건의 필연적 조건이라는 건 의심할 여지가 없다.

도미토리에는 왕따가 있다. 동대문에서 하루를 보낸 후 나는 투숙객 중 절반 이상이 몇 주 이상 방콕에서만 '죽치고 있는' 장기체류자란 것을 알게 되었다. 그들은 마치 하숙생처럼 느긋하고 익숙하게 매일 똑같은 도미토리 생활에 길들어 있었다. 매일 보는 얼굴들끼리 친해지는 건 당연하다. 그들은 터줏대감들처럼 어슬렁거리며 아침 기상시간과 저녁 취침시간을 정하고(그들이 깨어나는 순간 도미토리 안이 갑자기 소란스러워지고, 그들이 밤외출을 끝내고 돌아와야 도미토리 안이 정적에 빠지니까.), 새로 들어온 신참들을 점검해서 맘에 들면 노는데 끼워주고 별로면 그냥 왕따시켜버린다. 그들의 못된 행각은 의도된 것이라기보다는 자연스러운 것이다. 어디서건 '조직'이 결성되면 이런 일들이 벌어지니까. 즉, '주류'와 '비주류'가 생겨나는 것이다.

나는 체질적으로 '조직'과 '주류세력'을 싫어한다. 학교에서도 싫어했고 직장에서도 싫어했으며, 더욱이 이런 여행지에서까지 그놈의 현대사회 고질병인 '조직'이란 걸 만났으니 더욱 싫었다. 나는 터줏대감 무리들에게 눈빛 한 번 안 건네고 스스로 왕따가 되기로 했다. 그러나 그것은 내 맘대로 결정할 수 있는 게 아니다. 왕따가 있으면 왕따를 만드는 사람이 있다. 어느 조직에서나 그러하듯, 바로 주류 중에서도 주류, '왕고'가 있는 것이다. 주류를 만들고 주류를 유지하며 비주류가 누구인지 결정하는 사람. 바로 이런 유형의 사람이다.

희한한 남자

"에헴~."

이건 이 남자가 도미토리에 등장했음을 알리는 신호다.

"뿌~웅뿌릉릉뿌르르릉."

이건 이 남자가 도미토리 침대에서 돌아눕는 소리이다. 이 소리는 가끔 이럴 때도 발사된다.

"야, 내가 너 얼마나 사랑하는지 들어볼래? (엉덩이를 살짝 들어 올림) 뿌~웅뿌릉릉뿌르르릉."

꼭두새벽부터 일어나는 남자는 웃통을 훌떡 벗고 타월 하나만 어깨에 걸친 채 남녀 스무 명이 동거하는 침대 사이를 어슬렁거린다.

'저 남자 뭐얏?!'

단연코, 나는 이 남자에게 눈곱만큼의 관심도 없었다. 아니, 이런 관심이 있었다.

나이 : 30대 중반, 아니 40대인가?

저렴한 게스트하우스와 호텔들, 전 세계 최저가 티켓을 팔고 전 세계 비자문제를
해결해주는 여행사들, 다국적 요리와 다양한 간식거리들, 레게머리와 타투로 히피버전을 완성시켜주는 여행 패션
전문가들, 학력과 나이에 상관없이 '짝퉁' 국제학생증을 만들 수 있는 곳, 여행용품 전문점,
나이트클럽과 라이브 카페와 커피숍, 맥주홀, 노천 카페 등 여행자를 위한 모든 것이 카오산에 있다.

외모 : 키 180센티미터 이상. 몸무게 80킬로그램 이상. 노랗게 염색한 머리가 등까지 치렁치렁하다. 앞머리는 머리띠로 올백하고 뒷머리는 가끔 젓가락으로 틀어 올린다. 얼굴은 강호동보다 크다.(이건 내가 '스타킹' 작가로 일할 때 강호동을 직접 봤으므로 확실하다.) 전체적으로 험상궂음, 그 자체.

직업 : 저 나이에 뭐하는 사람이길래 방콕에서 한 달이나 죽칠 수 있을까? 돈 많은 백수인가?

성격 : 어린 애들 거느리며 짱 먹기 좋아하고, 비위 잘 맞추는 애들만 주렁주렁 거느리며 '나와바리' 만들어서 나머지 애들한테 위화감 조성하는 재수 없는 내무반 고참 스타일. 저 나이에 젊은 애들 틈에 섞여 노는 게 재밌을까?

행동 : 매일 밤늦게까지 도미토리가 떠들썩하도록 '아그들'과 모여서 술을 마셔댄다. 한국에서 빚지고 쫓겨 왔나?

아무리 봐도 여행을 즐기는 자유로운 영혼은 아니다. 딱 봐도 서해바다 해병대 훈련소나 헬스장, 중고자동차 영업장, 대부업체 사장실 같은 곳에 있어야 이야기가 들어맞는다. 그런 남자가 희한하게도 방콕에 있다.

…….

그런 남자가 희한하게도, 내게 프러포즈를 했다.

사건 당일,

그리고

남자는 댄스홀의 중앙을 점령하고 웬만한 댄스지존들도
놀라자빠질 춤을 한바탕 춘 후에 나를 번쩍 안아
올렸다. 내 나이 서른여섯에, HOT 춤을 추는 마흔 살
노랑머리 남자에게, 얼굴도 모르는 수많은 외국인들에게
둘러싸여 프러포즈를 받고 있다!

동대문 도미토리 3일째 날, 몸과 마음을 비주류로 무장한 내 신념과 가치관으로서는 도저히 손잡을 수 없는 주류세력의 왕고, 그 남자가 나를 불렀다.

"오늘 태국 여왕 생일이라고 저 앞에서 퍼레이드를 한다는데 우리 아그들이랑 같이 구경 갈 겨?"

나는 시험에 들었다. 이건 비주류를 흔드는 주류의 손짓이다. 그러나 나는 그 손을 잡았다. 아주 오랜만에, 엠티 온 대학생들처럼 우르르 밤거리로 몰려나가, 밤하늘에 펑펑 터지는 불꽃놀이를 보고 사진을 찍고 군것질을 하며 뒤풀이로 새벽 5시까지 거나하게 술도 마셨다. 뜻밖의 파티에 휘말린 그 날 밤의 마지막에 남자가 말했다.

"여기 로컬 뮤지션들이 라이브로 연주하는 클럽에 가봤어? 내일 밤에는 거기 갈 거야."

그 '내일 밤'에는 폭우가 내렸다. 작은 우산을 하나 챙겨들고 동대문 1층으로 내려갔더니 남자는 혼자 우산을 손에 들고 기다리고 있었다.

"어? 다른 사람들은요?"

그는 나를 잠시 쳐다보더니 갑자기 무언가에 화가 났는지 올백한 넓은 이마에 주름살을 쫙쫙 세우고 내 우산을 노려보기 시작했다. 무슨 일이 생긴 걸까. 거느리는 아그들은 다 어디로 가고 혼자 화가 나서 씩씩거리고 있는 걸까. 내가 당황해서 쭈뼛거리고 있는 사이 불편한 침묵이 길게 흘렀다. 잠시 후 남자가 말했다.

"하나면 되잖아……."

"뭐가요?"

"우산……. 하나만 있으면 된다고."

그때까지도 내가 '하나'의 의미를 알 리 없었다. 남자는 내 우산을 뺏어서 한쪽 손에 들고 나머지 손으로 자신의 우산을 활짝 펼쳤다. 그리고 우리는 단둘이서 카오산의 밤거리로 걸어 나갔다.

카오산은 이상한 거리이다. 카오산의 밤은 천국의 낮보다 아름답다. 해가 떨어진 후 조용하던 카오산의 온갖 휘황찬란하고 다이내믹한 네온사인에 번쩍 불이 들어오자마자 거짓말처럼 전혀 다른 거리가 된다. 록, 재즈, 힙합, 디스코 등 장르 불문의 온갖 음악들이 갑자기 볼륨을 높이고, 다국적 패션의 남녀들이 소리를 지르며 뛰어나오고, 거리의 볶음국수집, 망고밥집, 감자튀김집이 맛있는 냄새를 풍겨대고, 오토바이와 툭툭들이 부르릉거리고, “헬로!”를 외치는 호객꾼들이 본격적으로 활동하기 시작하는 카오산의 밤.

그러나 카오산의 밤을 지배하는 이들은 이제 여행자가 아니다. 몇 년 전까지만 해도 여행자들이 지배했던 방콕의 특별자치구였던 카오산은 어느새 방콕의 젊은 세대가 밤의 열기를 지피는 태국 청년 문화의 분출구로 변신해 있었다. 머리부터 발끝까지 최신 유행으로 무장한 방콕의 젊은이들은 서울의 홍대 앞처럼 카오산을 활보한다. 카오산에 옷가게만큼이나 많은 라이브 카페들은 스타 데뷔를 꿈꾸는 젊은 뮤지션들의 활동 무대이다. 한류열풍이 태국까지 불어온 덕분에 카오산의 한국식당들에도 현지 젊은이들이 북적거린다. 동대문 근처에 새로 생긴 ‘장터’라는 한국식당은 한국인이 아니라 태국인을 겨냥해 그들의 입맛에 맞춰 개조한 새로운 한국음식을 선보이고 있다. 방콕의 청년들이 이곳을 접수한 후, 카오산은 점점 더 넓은 지역으로 세를 넓혔다. 단지 하나의 거리 이름에 불과했던 카오산이 이제는 방람푸 운하와 차오프라야 강이 만나는 삼각 지역 여러 블록에 걸쳐 수십 개의 골목들을 흡수하며 하나의 ‘타운’을 형성한 것이다.

밤이 되면 먹거리 노점이 빽빽하게 들어서는 ‘람부뜨리 거리’의 서쪽 모퉁이, 방람푸 시장이 문을 닫자마자 라이브 클럽들의 소란이 시작되는 ‘따니 거리’, 카오산 거리 옆 블록의 숨은 그림 찾기처럼 오밀조밀한 골목들, 차오프라야 강과 카오산의 경계지점에 띠를 두르고 줄지어 선 파아팃 거리의 운치 있는 노천카페들, 이 많은 거리들로 흩어진 현지 젊은이들은 한 마디로 ‘더 넓은 물’에서 논다. 그 너머에는 태국을 대표하는 탐마삿 대학교가 있다.

남자가 데려간 ‘dp클럽’은 바로 방콕 젊은이들의 ‘더 넓은 물’에 있었다. 입구의 매니저가 남자를 알아보고 자리를 만들어준다. 우리만 빼고는 모두 태국의 젊은 남녀였

고, 그들은 신기한지 우리를 흘끔거렸다. 밤 10시도 되기 전에 자리가 꽉 차고 록밴드
의 연주가 시작되었다. 연주곡들은 모두 밴드가 직접 만든 오리지널이다. 맥주 두 병과
우산 한 개가 얌전하게 놓인 테이블 앞에 우리는 어색하게 나란히 앉아 있었다. 나는
이 예상치 못한 상황을 해석하느라 분주히 머리를 굴리고 있었다. 그 때 갑자기 내 옆
의 육중한 어깨가 벌떡 일어났다. 나는 입을 쩍 벌렸다. 세상에!

남자는 90년대 'X세대'라고 불리던 우리 세대의 아이돌들, 룰라, HOT, 젝스키스
의 춤을 2010년 방콕 록밴드의 리듬에 맞춰 완벽하게 안무해서 추는 것이다! 그러자
앉아있던 태국 젊은이들이 하나둘 일어나 엉덩이를 흔들기 시작했다. 대체 이 남자 정
체가 뭐얏!

"나 음악 무지 좋아해. 이래 뵈도 대학 때 헤비메탈 밴드 드러머였어."

그 날 밤늦게 나는 다시 남자의 우산에 갇혀 비가 오는 카오산 거리의 어딘가로 이
끌려갔다. 카오산에서 가장 번화한 곳에 자리한 건물 꼭대기층의 '루프(Roof)'에는 거
대한 홀을 쩌렁쩌렁 울리는 라이브 음악에 맞춰 수십 명의 남녀가 칵테일 잔을 들고
어깨를 부비고 있었다. 그곳에서 남자는 댄스홀의 중앙을 점령하고 웬만한 댄스지존
들도 놀라자빠질 춤을 한바탕 춘 후에 나를 번쩍 안아 올렸다. 내 나이 서른 여섯에
HOT 춤을 추는 마흔 살 노랑머리 남자에게, 얼굴도 모르는 수많은 외국인들에게 둘
러싸여 프러포즈를 받고 있다! 양동이에 담아주는 이상한 칵테일과 환호와 박수 소
리 때문에 내가 대체 왜 갑자기 그곳에서 주인공이 되었는지 이해할 틈도 없었다. 프
러포즈는 간단했다.

"3일 동안 지켜봤는데 맘에 든다. 내가 너 책임질게."

서른여섯 살 여자의 남자론 VS 마흔 살 남자의 여자론

'내가 너 책임질게.'

그 날 밤 내 귀에는 이 한 문장이 궁궁궁 울렸다. '사랑해'도 아니고, '당신에게 반
했어.'도 아니고, 그 무뚝뚝하고 촌스럽기 그지없는 '책임질게'라는 한 마디가 서른여

한밤의 축제로 뜨거운 방콕의 밤. 태국 왕이 하사하는 공짜국수를 얻어먹고
낯선 도시의 왕복 8차선 대로를 뛰어다녔다.

아그들의 무리 속에 쓸려 다니던 나에게 슬쩍 남자가 다가왔다.
"이거 좀 네 배낭에 넣지."
남자는 자신의 담배 한 갑을 제 맘대로 내 배낭에 찔러 넣고 가버리더니,
담배를 피울 때마다 내 배낭을 툭툭 쳤다.

"담배 줘…."

나중에 남자가 고백했다.
"널 따라다니며 말 붙일 구실이 필요했거든."

섯 살 여자의 심금을 울려버렸다. 서른 여섯 해 동안, 그래도 남들만큼의 연애경력은 갖고 있다고 자부하는 내가, 평생 단 한 번도 들어본 적이 없는 말이었다. 그러나 듣는 순간 깨달았다. 그 말이야말로 내가 가장 듣고 싶어 했던 말이라는 걸. 나도 몰랐던 내 속의 깊숙한 동굴에서 '궁궁궁' 내가 얼마나 그 말을 듣고 싶어 했는지 알려주었다.

자, 여기서 내가 36년간 '결혼'이란 걸 하지 못한 이유에 대해 짚고 넘어가야겠다. 스물 두살에 집에서 독립한 후로 나는 17년째 혼자 살고 있다. 연애는 하지만 결혼에 대해서 진지하게 고민해 본 적은 한 번도 없었다. 그렇다고 독신주의자도, 자유연애주의자도 아니다. 굳이 표현하자면 '반결혼·반가족주의'라고 할 수 있는데, 한 마디로 '결혼'이나 '가족'이라는 제도가 한 사람의 인생에 권력으로 들어오는 것을 반대한다. 나는 언제든 나만의 판단과 결정에 의해 자유로운 변신을 추구할 수 있는 생활을 유지해 왔다. 나의 판단과 결정은 내가 책임진다. 그게 편했고, 또 그만큼 나 자신이 강하다고 믿었다.

그런데 어떤 남자가 갑자기 내 인생에 등장해서 나를 '책임지겠다!'고 한다. 내가 책임져달라고 부탁한 적도 없고, 절실했던 적도 없는데 말이다. 대학시절까지 내가 가장 싫어했던 남자는 바로 그런 말을 하는 남자였다. 아버지, 삼촌, 주변의 선배, 남자동기까지 모두 아울러 '보수적인 경상도 남자'를 봐온 터라 더욱 그러했다. 남자가 뭐 그리 대단해서 여자를 책임진다는 말을 함부로 하는 걸까, '책임진다'는 말을 '소유한다'와 동의어로 착각하는 게 아닐까, 결혼이란 게 여자의 존재와 인생을 통째로 소유하는 제도라고 믿는 건 아닐까……. 이런 말을 할 때마다 나는 주변 남자들에게 '꼴불견 페미니스트'로 찍혔다.

그러나 남자는 여자를 책임지는 거라고, 어린 시절 바로 내 앞에서 무지막지한 '독재적 이성관'을 설파하던 남자들 중, 그 누구도 실제 결혼적령기에 접어들어 '내가 너 책임질게'라고 함부로 말하지 못했다. 현실은 자기 자신을 책임지기에도 벅차다는 걸 알만한 나이가 된 것이다. 지금 내 주변의 남자들은 오히려 인생은 함께 걸어가는 것 아니냐며, '나는 페미니스트가 좋아.'라고 말한다. 방송국의 남자 PD들, 인문학 세미나를 함께 하는 소위 '지적인' 남자들, 몇 번의 소개팅에서 만났던 안정된 직장의 넥타이맨들, 그들 대부분이 그런 식의 말을 했다. 그러나 나는 이런 남자들이 오히려 어린 시절의 '대놓고 보수적인' 경상도 남자들보다 더 싫다. 결국엔 자신의 약한 부분을 여자에게 의지하려는 소심한 남자이거나, 자신도 해낼 수 없는 것들을 여자에게 요구하는 이기적인 남자, 순수하고 자상해보이지만 알고 보면 마마보이, 이성적이고 부드럽고 친절하지만 알고 보면 무서우리만치 현실을 재는 차가운 남자들이기 때문이다. 흥, 그렇다고 '난 남자야'란 심보를 버릴 것도 아니면서, 함께 걷자고? 불편히게 왜? 괜히 걸리적거리지 말고 인생 그냥 각자 걷자고.

"도미토리에서 너 혼자 깡충깡충 뛰어다녔거든."

겨우 3일 만에 어떻게 평생 책임질 여자를 알아볼 수 있느냐는 추궁에, 남자는 이렇게 대답했다. 말도 안 된다고 했더니 "난 말솜씨가 없어서 설명 못해! 다른 사람들은 다 걸어 다녔다니까!"라고 큰소리를 친다. 글쎄, 이런 게 바로 마법, 혹은 콩깍지, 뭐 그런 것일 수도 있겠다. 한 달이 지나고서야, 나는 그 '깡충깡충'의 미스터리를 밝혀내고 기절초풍했지만 말이다. 사십 평생 그의 인생에 스쳐간 수많은 여자들 중에 왜 하필, 그것도 돌연히 내가 남자의 눈에 띄었는지는 모르겠지만, 한 가지 사실만은 분명했다. 이 모든 건 그가 나를 잘 몰랐기 때문에 가능했다는 것. 알고 보면 그에게도 나는 어지간히 재수 없는 여자일텐데 말이다.

"나는 대한민국 2퍼센트 안에 드는 남성우월주의자야."

헉! 프러포즈를 받은 다음 날 남자의 입에서 쏟아진 이 말을 듣고 나는 경악했다. 그 때 나는 남자에게 "절 책임지실 필요 없어요. 나는 내가 책임질 수 있어요."라고 말했었다. 그리고 누가 누굴 책임진다는 건 근본적으로 불가능하다고 말해주었다. 남자는 이 말을 듣는 순간 얼굴이 붉으락푸르락 변하더니 두 주먹을 불끈 쥐었다.

"딴 남자들은 몰라도 나는 해! 그게 남성우월주의자니까!"

그의 말에 따르면, 한번 사귄 여자는 끝까지 책임져야 하기 때문에 평생 헛으로 여자를 사귀어본 적이 없다. 왜냐하면, 그는 남자이고, 남자는 강하기 때문이란다. 아! 내 평생 만나본 남자를 통틀어 최고의 마초가 남자에 대해선 알만큼 아는 나이가 되

창밖에 세계 여기저기서 도착한 연인들이 달뜬 표정으로 오고가는 게 보였다.
일상의 로망이 여행이라면, 여행의 로망은 로맨스이다.

었다고 생각한 서른 여섯에 나를 흔들다니! 나는 당황했다. 그의 엄청난 발언 때문이 아니었다. 그 말도 안 되는 무지막지한 논리가 어이없게도 달콤하게 느껴지다니.

솔직히 고백하겠다. 나는 '남성우월주의자'에 대한 사고의 반전을 체험했다. 21세기에, 이거야말로 근대인이 목마른 '야생의 사고'가 아닌가! 어설픈 이성관을 떠들어대는 스무 살도 아니고, 인생이 얼마나 무거운지 아는 마흔 넘은 남자가, 이렇게 아무 두려움도 계산도 없이 거침없이 당당히 여자를 책임지겠다고 선언하는 게 '남성우월주의자'라면 말이다, 나는, 기꺼이 남성우월주의자를 용서하겠다. 이건 인생의 대반전이다.

"카오산에서 만났어요"

카오산은 참 이상한 거리이다. 다른 곳에서는 절대 만날 수 없는 사람들이 뜬금없이 만난다. 이 거리는 지구로 쏘아진 우주에너지 중에 인간의 호르몬에 가장 치명적 자극을 주는 파장이 흐르는 곳이다. 지구의 어느 거리에서나 수많은 사람들이 스친다. 그러나 그들은 단지 스쳐지나간다. 카오산의 스침은 짧고 강렬하다. 인생의 그 짧은 순간에 어느 누군가와 스치면서 우주빅뱅을 체험하는 사람들이 발견된다. 8월 7일 오후 카오산에 상륙한 나는 불과 3일 후 인생에 단 한 번 오는 '프러포즈'라는 걸 맞닥뜨렸다. 그것이 단지 낯선 바람이 주는 달콤쌉싸름한 '해프닝'이 아니라 내 인생을 뒤흔들 대사건이란 건 어떻게 증명될까.

"카오산에서 만났어요."

동남아 지역을 여행하다가, 유럽을 여행하다가, 심지어는 아프리카에서도 이런 얘기를 들려주는 커플들을 만난 적이 있다. 그 때마다 지구 아득한 곳의 어느 작은 거리에 터질 듯이 들썩이는 인연의 홍수를 상상해 볼 수 있었다. 지구를 여행하는 사람이라면 한두 번쯤 그 인연의 홍수 속을 헤매 본 적이 있고, 나에게는 아무런 일이 일어나지 않았더라도 타인들의 짜릿한 사건들을 목격한 적이 있을 것이다. 한참이 지난 후에도 자주 인생의 다른 지점에서 '카오산'은 여행을 하는 사람들 모두에게 '새내기 시절의 대학캠퍼스'처럼 설레는 추억의 장소로 공유된다. "아하! 카오산이요? 바로 그 카오산

커플이구나!"라고 무릎을 치며, 나는 카오산에서 만났다는 커플에게 마치 먼 이국땅에서 같은 초등학교 출신을 만난 것 같은 감동을 느껴버리는 것이다.

"우리도 카오산에서 만났잖아."라고 어느 날 카오산의 유명한 홍익여행사 사장님이 추억에 잠겨 말했다. 그 부부도 카오산에서 만나 15년이 넘도록 카오산에서 살고 있다. "카오산 커플 진짜 많아요."라고 동대문에서 만난 '태사랑(인터넷에서 가장 인기 있는 동남아 여행 커뮤니티)' 운영자도 증언했다. 장담컨대 전 세계에 "우리 카오산에서 만났어요."라고 말하는 커플이 적어도 수천 쌍은 있을 것이다. 그러니까 이곳에서 커플이 탄생하는 것은 운명을 논할 일도, 별스런 사건도 아닌 것이다. 그러나 '나'라는 한 개인에게 이런 일이 일어날 확률은? 빅뱅의 확률보다도 미미하지 않을까? 마흔 살의, 직업은 자칭 '노가다꾼'인 대전 남자와 서른 여섯 살의, 직업은 자칭 '작가'인 서울 여자가 결혼할 확률은? 남자와 내가 한국에 살면서 우연이라도 만날 확률은 평생을 통틀어 완벽하게 제로 퍼센트이다. 그 이유에 대해선 수백 가지라도 열거할 수 있다.

첫째, 남자는 대전에, 나는 서울에 산다. 둘째, 남자는 학창시절을 오로지 태권도에만 올인한 '천생 운동선수 출신', 나는 문예반 활동과 선생님 몰래 소설책 읽기에 열을 올린 '자칭 문학 소녀 출신'. 셋째, 남자에게 방송국이란 곳은 평생 자신과 상관없는 사람들만 드나드는 곳이며, 방송작가라는 직업은 저 멀리 달나라에서나 존재하는, 아니 평생 머릿속에 한 번 떠올려본 적도 없는 직업이었다. 마찬가지로 나도 '토목'이나 '공사현장', '건설' 같은 단어는 평생 단 한 번도 써본 적이 없었으며, 그런 일을 직업으로 갖고 있는 사람을 한 번도 만난 적이 없었다.

두 사람 모두 각자가 살고 있는 생활공간 자체가, 서로에게 마치 어려운 수학공식이나 아랍어로 쓴 코란처럼 도저히 해독 불가능한 세계인 것이다. 넷째, 남자의 주변에는 아직도 장가 못한 노총각이 수두룩하고 내 주변에는 아직도 시집 못간 노처녀들이 수두룩하다. 아마도 서로의 세계에 대해 진작 알았더라면 "이런 노다지가!"라고 외쳤을지도 모른다. 하지만 그 두 무리는 지금도 여전히 "세상의 여자들은 다 어디 숨어 있는 거야!"와 "세상의 남자들은 다 어디 숨어있는 거야!"를 외치고 있을 것이다. 남자

와 나는 한국이라는 작은 나라 안에서 건널 수 없는 거대한 강을 사이에 두고 살고 있
었다.

　　그러나 만났다. 비행기로 여섯 시간이나 날아온 먼 나라 태국의 수도 방콕에서, 그
것도 카오산이라는 작은 동네의 이층침대 열한 개밖에 없는 작은 도미토리에서. 이런
놀라운 사건은 바로, 이곳이 '카오산'이기 때문에 일어나는 것일까. 만날 수 없는 운명
을 가진 사람들이 만나기 위해서는 자신이 살아온 울타리를 넘어 전혀 다른 세상으
로 가야 한다. 그것은 바로 '여행'이란 것이 창조해내는 달콤엉큼하고 비밀스러운 계
략이다.

7일간의

방콕 연애 사건

남자는 침대칸에 짐을 실어주고
말없이 내 옆에 앉아 있다가
눈물콧물을 훌쩍거리며 마치 70년대
영화의 닭살 돋는 한 장면처럼
"다시는 너 혼자 어디 보내지 않는다!"라고
결연하게 외쳤다.

TAXI
ลก 4297

이른 새벽, 눈을 뜬 나는 깜짝 놀랐다. 그 남자가 내가 자는 이층 침대 위에 턱 하니 양반다리를 하고 앉아 내 얼굴을 들여다보고 있었다.

"여기서 뭐 하세요?"

"갈 데가 있어. 어서 준비해."

모두 잠이 든 동대문 도미토리는 고요했다. 카오산의 새벽거리에도 한 번도 본 적 없는 낯선 고요가 가라앉아 있었다. 미명을 헤치며 30분이나 걸어 남자가 데려간 곳은 탐마삿 대학이었다. 방콕 최고의 대학으로 통하는 '탐마삿(Thammasat) 국립대학교'는 차오프라야 강 바로 앞에 기막힌 경치를 마주하고 서 있다. 왕궁이나 방콕의 유명 사원들, 최고급 호텔들은 모두 차오프라야 강을 따라 늘어서 있다. 이른 새벽에 탐마삿 대학의 강변 벤치에 앉아있으면 차오프라야 강에 번져오는 눈부신 아침 햇살을 볼 수 있다. 남자가 자신만만하게 외쳤다.

"이런 거 아무나 못 봐. 내가 발견한 카오산의 명소지. 음하하하하."

그 날의 해돋이는 이상히도 꿈틀꿈틀 몸을 뒤틀며 카오산의 검푸른 하늘에 번졌다. 그리고 내 속에도 무언가 꿈틀거렸다. 남자의 눈은 퀭했고, 낯빛이 환자처럼 창백하다.

"대체 얼마나 안 잔 거예요?"

"아, 쭈욱 못 잤어."

연애감정이란 근원적으로 '측은지심'에서 유발된다. 내가 처음으로 그에 대해 강렬하게 느낀 감정은 바로 '불쌍하다'는 것이었다. 그는 사건이 터진 그 날 밤 이후로 한숨도 자지 못하고 있었다. 마흔 살 남성우월주의자가 이토록 사춘기 소년처럼 설렐 수 있을까.

"저는 곧 라오스로 갈 거예요."

"왜?"

"원래 거기 가려고 왔으니까요."

남자는 아무 말이 없었다.

남자는 왜 방콕에 있었을까

동대문 주류세력의 왕고답게, 이 남자는 완전히 '방콕 통'이다. 예를 들면 '카오산의 압구정'으로 가려면 따니 거리의 모퉁이를 돌아야 하고, '카오산의 홍대'로 가려면 람부뜨리 거리의 동쪽 끝으로 가야 하며, 레게바 밀집 지역으로 가려면 카오산 오른쪽의 거미줄 같은 골목 망으로 잠입해야 한다 등등 하루 이틀로는 절대 알 수 없는, 여기 사는 현지인들만 아는 숨어있는 골목까지 죄다 꿰고 있었다. 남자의 말이, 방콕에 온 3주 동안 매일 밤 카오산의 모든 밤문화 근거지를 하나도 빠짐없이 섭렵했다는 것이다.

"여행? 나 그런 거 몰라! 난 그냥 쉬러 온 거야!"

여행을 좋아하느냐는 내 질문에 남자는 대뜸 이렇게 대답했다.

"왜 하필 방콕에서 쉬어요?"

"방콕이잖아!"

그렇다. 답은 '방콕'이었다. 남녀노소 국적불문 수많은 여행자들의 로망이 들끓는 곳이면서도 동시에 여행에 대한 아무런 로망 없이도 기꺼이 날아오는 곳이다. 동대문에 모여 있는 한국인들은 온갖 다양한 이유로 방콕에 체류하고 있었다. 그냥 여행자, 태국의 대학에 유학 온 다국어 열공생, 방콕의 부유층을 겨냥한 일대일 맞춤형 헬스 트레이너, 한국에서 놀기에는 부족해도 태국에서 놀기에는 충분한 자금력의 백수, 홀로 훌쩍 바람 쐬러 온 50대 주부, 오로지 방콕의 '걸(Girl)'들만 노리는 자유연애주의자, 방콕의 최상류층 도련님과 아가씨들만 드나든다는 '물 좋은' 나이트클럽에 '필'이 꽂힌 한국의 댄스지존들, 단체로 몰려다니며 한밤의 은밀한 장소로 밤마실을 즐기는 아저씨들. 그들이 한결같이 말하는 바는, 한국에 없는 것이 이곳에 다 있고, 한국에 있어도 누리지 못하는 것들을 이곳에선 마음껏 누릴 수 있다는 것이다.

이국의 풍경에 가슴 설레어 본 적도 다른 세상의 삶과 사람들에게 관심을 가져본 적도 없고, 뭐 그런 것 따위 텔레비전에서 보면 되지 뭘 거기까지 가서 봐야 하느냐고 말하는, 배낭여행 같은 건 괜히 돈만 쓰며 사서 고생하는 짓이라고 생각하면서 막상

돈 주고 배낭여행 하라고 하면 무서워서 벌벌 떠는, 오로지 승진하고 집 사고 차 사고 주식 사는 데 골몰하는 전형적인 40대 대한민국 남자라 해도 방콕에 한 달 동안 죽치고 있는 건 전혀 이상한 게 아니다.

이 남자는 방콕에 와서도 여전히 '한국 아저씨 스타일'을 유지한다. 그의 일과는 이러하다. 새벽 6시에 일어나 밥을 먹고 다시 잔다. 동대문 식당이 문을 여는 아침 9시에 다시 '한국식으로' 아침밥을 먹는다. 아그들을 불러 강 건너 삔까오 지역에 있는 현지인 목욕탕에서 사우나를 하고 돌아와 점심밥을 먹는다. 단골 마사지집을 찾아가 '2시간 풀(full)'로 태국 전통마사지를 받고 돌아와 저녁을 먹는다. 그러면 본격적인 활동시간이다. 아그들을 불러 라이브 카페, 디스코 클럽, 그 외 온갖 버라이어티한 콘셉트의 기상천외한 한밤의 놀이터로 하루 한 곳씩 점령에 나서는 것이다. 그리고 벌써 3년째 일 년에 한 번 한 달 동안 방콕에서의 휴가를 즐겨 왔다고 한다.

"그런데 여기서 꼭 알아둬야 할 게 있어. 나는 내가 데리고 나가는 아그들의 관리 하나는 철저하다고. 첫째 여자들은 밤에 안 데리고 간다. 둘째 12시 되기 전에 집에 온다. 셋째 더 놀고 싶은 아그들은 사고 안 치도록 철저히 교육시켜서 보내고 나는 혼자라도 반드시 집에 온다."

남자는 지난 3주 동안 그런 식으로 마음껏 방콕을 즐기고 있었다. 그리고 귀국을 일주일 남기고 나를 만났다. 낯선 도시에서의 일주일, 누군가에게 마음을 주기엔 무모한 시간이다. 그러나 나는 이것저것 재어보는 걸 못한다. 덜컥 그 무모한 시간으로 들어갔고, 그가 떠날 때까지 방콕에 함께 머물기로 했다.

40대 한국남자의 영어에 대한 남다른 신조

"왓 우쥬 라이크 투 드링크(What would like to drink)?"

카오산의 커피숍에서 종업원이 다가와서 물었다. 나는 이미 커피를 주문했고 남자는 방금 들어와서 앉는 참이었다.

"왓 라이크?"

그의 짧고 우렁찬 목소리가 쩌렁거리자 종업원이 움찔한다.

"우쥬 라이크 썸 커피(Would you like some coffee)?"

"왓? 왓? 노 라이크! 오까이?"

그러더니 갑자기 버럭 소리를 지른다.

"억울하면 니가 한국말 배워!"

그러고는 돌아앉아 하는 말.

"모든 외국인이 한국말을 쓰는 그 날까지 한국말을 고수할 겨! (잠시 씩씩거리고 난 후) 근데 미노야, 방금 나보고 뭘 라이크 하라는 거야?"

난 이 어이없고 황당무계한 상황을 멍하니 바라보고 있었다. 정말, 대체, 어쩜 저래⋯⋯. 며칠 지나면서 그가 우리말 사랑에 대해 남다른 신념을 가지고 있다는 걸 알게 되었다. 그런데 그게 참 고집스럽게도 단순한 일방통행로 같은 것이어서, 어이없게 웃겼다. 게다가 '운동선수+이과+자연대'의 전형적인 대한민국 40대 남자의 인생 공식을 밟아온 남자답게, 그의 한국어 실력은 그다지 훌륭하지 않다. 그런 그가 직업이 작가인 나도 따라갈 수 없을 만큼 왜 그토록 우리말 사랑을 고집하는가 하면, 바로 이런 이유에서이다.

"이유가 어디 있어? 한국 사람이 한국말 사랑한다는데!"

그는 보통의 대한민국 남자들 중에 흔하게 발견되는, '애국'을 가장한 국수주의자였다. 그러나 여기서 분명히 해둘 것은, 40대 한국남자가 영어를 싫어하는 이유는 한국어를 사랑하기 때문이 아니라는 것이다. 그들이 혼자 외국에 못 나가는 이유는 대개 '영어' 때문이다. 말 한마디 통하지 않는 외국에서 굶어죽거나 길거리에 버려질까봐, 혹은 창피한 영어 실력을 누구에게도 절대 들키고 싶지 않은 쫀쫀한 자존심 때문이다.

그러나 이 남자, 20대 중반까지의 범상한 전력과는 다르게, 20대 후반부터는 범상치 않은 전력을 갖고 있었다. 자신의 신념과 사회 정의에 맞지 않는 일은 그 자리에서 바로 'No!'를 외치고 때려치워야 했으므로, 사회생활 15년 동안 직업을 무려 네 번이나 바꾸는 인생대역전 드라마를 만들어 온 것이다. 그 '욱'하는 남다른 기질 덕분인지 이

지구 아득한 곳의 어느 작은 거리에 터질 듯이 들썩이는 인연의 홍수. 만날 수 없는 사람들을 만나게 하는 도시가 있다.

"뭘 원해? 여긴 내 나와바리니까 뭐든 다 해줄 수 있어."

일주일 간 남자는 자신만만하게 카오산의 이곳저곳으로 나를 끌고 다녔다.

프러포즈 받은 날, 남자가 나를 데려간 로컬 라이브 록 밴드 클럽 dp.

남자 정말 용감하다. 영어 한 마디 제대로 못하면서 혼자서 당당히 방콕에 왔다. 그리고 어떤 외국인 앞에서도 전혀 기죽지 않고 자기가 아는 영어로 마구 떠들어댄다. 알고 있는 영어를 다 동원하고도 상대가 못 알아들으면 확 소리친다.

"아이 돈 언더스탠드 유! 유 런 코리언!"

한마디로 자기는 최선을 다해 영어 해주고 있으니까 못 알아듣겠으면 당신이 한국어 배우라는 것이다. 그는 태국인이건 서양인이건 가리지 않고 아무 외국인에게나 "왜 나만 영어 배워야 해! 억울하면 니가 한국말 배워!"라고 소리 지른다. 그러나 나도 인정하지 않을 수 없었던 게 있다. 그의 뻔뻔함이 때론 놀라운 재능으로 발휘된다는 것이다. 신기하게도 그의 억지가 정말로 외국인들에게 먹힌다. 외국인들은 그의 말에 순순히 복종하며 귀를 쫑긋 세우고 그의 어설픈 영어를 이해하기 위해 최선을 다한다. 더 놀라운 것은 남자의 무지막지한 영어가 오히려 좀더 정돈된 나의 영어보다 훨씬 잘 통한다는 것이다.

그가 만나는 외국인마다 붙들고 한 시간이고 두 시간이고 자신이 카오산에서 얼마나 운명적으로 나를 만났는지 그 '롱롱 러브스토리'를 영어로 설명하는 걸 보면 정말 신통방통하다. 내가 그 외국인에게 "다 알아들으셨어요? 저도 못 알아듣겠는데요."라고 하면, 외국인은 "오! 돈 워리! 다 알아들었어요. 그가 당신을 정말 사랑하는군요!"라고 고개를 주억거린다. 의사소통의 길은 영어능력이 아니라는 걸, 나는 겸허히 깨달아야 했다.

동대문에서 몇 주간 이 남자를 따라다닌 뉴질랜드인이 있었는데 (남자는 그를 '자장면'이라고 부른다.) 그는 남자의 철학에 감복하여 한국말과 한국 문화를 열심히 배워갔다고 한다. 자장면이 남자를 처음 만난 건 동대문 도미토리(한국인의 나와바리에 가끔 외국아이들이 온다.)에 묵고 있는 여자 친구를 만나러 와서였다. 그날도 도미토리 왕고로서 남자가 침대 사이를 어슬렁거리며 순찰을 돌던 중, 여자 친구랑 껴안고 있는 웬 '서양놈'을 발견한 것이다.

"야! 너 뭐여? 어디서 왔어? 웨어 프롬?"

“아임, 아임 프롬 뉴질랜드.”

“그럼 뉴질랜드 가! 고 뉴질랜드!”

“엥?”

“히어 코리아 돈 키스! 유 키스 유어 컨트리! 오까이?”

그날 자장면은 순순히 쫓겨났는데 남자는 괜히 미안한 마음이 들어 자장면을 사 주었다. 그리고 한국 ‘나와바리’의 규칙에 대해 친절히 설명해 주었다.

“코리아 뉴질랜드 베리 베리 디퍼런트! 오까이?”

“오케이.”

“키스 노 굿!”

“오케이.”

그날부터 자장면은 ‘남자의 아그들’에 합류했다.

영어에 대한 이 남자의 남다른 신조가 하나 더 있다.

“나는 이제 시간도 없고 머리도 굳어서 영어 공부 못 해! 그냥 내 옆에 괜찮은 ‘딕셔너리’ 하나 두면 되는 겨. 그럼 다 통해.”

그 딕셔너리라 함은, 영어 잘 하는 아그를 한 명 꼭 끼고 다니면 된다는 말이다. 나를 만나기 전까지 그의 옆에서 활동해온 딕셔너리는 ‘종현’이란 23살짜리 아그이다. 13살 때부터 일본에서 살아 일본어는 모국어 수준이고, 남다른 언어감각을 갖춘 덕에 영어도 수준급이며, 태국에 있는 동안은 태국어를, 캄보디아에 있을 땐 캄보디아어를 남보다 몇 배의 열의를 가지고 섭렵하는 학구파이다. 종현은 지금 세계일주여행을 하고 있다. 그리고 어느 날부터 종현을 밀어내고 내가 딕셔너리가 되었다.

“영어 공부할 필요가 뭐 있어? 항상 딕셔너리를 옆에 두면 되는 겨. 나한텐 평생 딕셔너리가 있잖아 미노 마이 딕셔너리!”

“헉! 평생이라고요? ……”

몸으로 통하는 남자

그가 그 어이없는 영어 실력에도 불구하고 혈혈단신 외국 땅에서도 거침없이 용감한 이유가 하나 더 있는데, 바로 몸으로 부딪히는 데엔 그를 따라올 자가 없기 때문이다. '바디랭귀지' 하나만큼은 그를 아는 모든 사람들이 인정컨대 단연코 세계 최강이다. 사실 외국 여행할 때 웬만해선 말이 필요 없다. 이 남자처럼 당당하고 자신있게 자신의 의사를 온몸으로 표현하면 된다. 휴지가 필요할 땐 '팽팽' 콧소리를 내주며 코푸는 척, 물이 필요할 땐 목을 쥐어짜고 벌컥벌컥 들이키는 척, 화장실이 필요할 땐 엉덩이를 내밀고 과감하게 쪼그려 앉으면 되는 것이다.

"한국에는 언제 와?"

"3개월 후."

비행기 표가 3개월짜리였기 때문에 그렇게 말했지만, 굳이 3개월을 꼭 채우겠다고 생각한 적은 없었다. 그러나 나는 남자에게 굳이 '3개월'을 선언했다. 내 마음 어디선가 고집을 부리고 있었다.

"알았어. 내가 인천공항에 마중 나갈게."

모든 사건이 한바탕 꿈을 꾼 듯 결말에 와 있을 때 우리는 라오스 행 밤기차가 떠나는 방콕 시내의 활람퐁 기차역 3번 플랫폼에 서 있었다. 남자는 침대칸에 짐을 실어주고 말없이 내 옆에 앉아 있다가 눈물콧물을 훌쩍거리며 마치 70년대 영화의 닭살 돋는 한 장면처럼 "다시는 너 혼자 어디 보내지 않는다!"라고 결연하게 외쳤다. 나는 모든 게 갑작스럽게 찾아온 통에 정리되지 않는 막연한 슬픔에 당황하고 있었는데, 그 와중에 그의 옛날 사람 같은 말에 웃음이 났다.

"괜찮아요. 나는 혼자 여행하는 거 좋아해요."

"이젠 안 돼. 이번이 마지막이야."

이 촌스러운 남자가 정말 내 인생에 들어오게 될까. 그가 내리고 기차가 출발신호를 울렸다. 남자는 어느새 기차를 한 바퀴 돌아 내 자리가 보이는 반대편 플랫폼에 서 있었다. 그가 갑자기 뒤돌아 엉덩이를 쑥 내민다. 대체 뭘 하는지 눈을 크게 뜨고 봤더니 '엉덩이로 이름 쓰기'의 바로 그 준비자세다. 쿰틀쿰틀 웨이브 치기 시작한 엉덩이는 멀리서도 알아볼 수 있을 만큼 큰 동작으로 한 글자 한 글자 무언가를 쓰기 시작했다.

"기—다—릴—게."

기차 안의 다른 승객들이 저기 좀 보라는 듯 창밖을 가리키며 웃고 난리가 났다. '푸핫—!'하고 나는 그때 분명히 웃으려고 했다. 그런데 웃음이 아니라 눈물이 후두둑 터져 나왔다. 역시 몸으로 통하는 남자, 바디랭귀지의 제왕은 다르다. 그 순간 나의 시간 속으로 느닷없이 쳐들어와 일분일초도 망설임 없이 단순하고 뻔뻔하게 돌격하는 이 남자에게, 나는 완전히 무장해제 되어버렸다.

그러나 이상한 에너지의 충돌로 탄생한 이 갑작스런 커플의 운명이 앞으로 어떻게 될지는 아무도 알 수 없었다. 라오스 행 기차는 밤새 12시간을 달려 이른 아침 태국의 국경도시 농카이(Nong Khai)에 도착했다. 버스를 갈아타고 국경을 넘어 라오스 남부의 수도 비엔티안(Vientiane)에서 이틀 머문 후, 버스를 타고 다시 12시간이나 멀미에 시달리며 산악지형의 가파르고 좁은 길을 달려, 방콕을 출발한 지 3박 4일 만에 그리고 서울을 떠나온 지 보름 만에, 드디어 원래의 목적지 루앙프라방에 도착했다. 방콕에서의 모든 사건은 다시 꿈처럼 아득해졌다.

mino story

TRAVEL TO LOVE

LAOS

LUANG PRABANG, VANG VIENG

—

2

남자, 라오스에 걸려들다

MAN TRAPPED IN LAOS

시티맨의

탄생

!

“루앙프라방 정말 좋지 않아요?” “음…, 파리, 모기 많겠네…….”
“그래도 좋죠?” “확 그냥 밀어버려!”
“뭐라고요?” “저거 확 밀어서 시티를 건설해야지!”

Here is Luang Prabang

그곳은 라오스 북부 산악지대의 '루앙프라방(Luang Prabang)'이다. 오래전 라오스의 왕이 살았던 작고 조용한 도시는 유네스코 세계문화유산에 올라있다. 티베트 고원에서 발원해 중국, 라오스, 캄보디아까지 가로지르는 동남아시아의 거대한 수로인 메콩 강이 지류인 칸 강(Nam Khan)을 만나면서, 가늘고 길쭉한 모양의 땅을 내고 울창한 야자수들을 키우며 수백 년이 넘은 크고 작은 사원들과 화려한 궁전과 고풍스러운 저택들이 가득한 아름다운 도시를 만들어냈다. 이 도시에는 2층 이상의 건물을 지을 수 없고, 버스나 트럭도 다닐 수 없다. 두 강의 합류지점에서 구시가지가 끝나는 분수대까지는 약 2킬로미터이다. 두 강 사이에 강과 나란히 세 갈래의 길이 뻗어있는데, 작은 골목들이 마치 사다리 타기 그림처럼 무수히 세 개의 길을 연결한다.

이 길들은 라오스인들이 하루를 시작하는 아침나절과 관광객들이 쇼핑과 저녁식사를 즐기는 저녁 무렵에 잠깐 붐빌 뿐, 햇볕이 뜨거운 한나절 내내, 그리고 통금시간인 밤 11시 무렵이면 긴 정적에 빠진다. 그러나 세 갈래의 길 중에서 왕가의 이름을 딴 '시사방봉 거리(Th Sisavangvong)'는 매일 새벽 6시부터 단 한 시간 동안 갑자기 엄청난 인파가 모여들면서 지구의 이목을 집중시킨다. 기차도 고속버스도 없는(수도인 비엔티안까지 겨우 3백여 킬로미터를 구불구불한 국도를 타고 12시간이나 가야하는 시외버스가 있을 뿐.) 도시에 놀랍게도 국제공항이 있는 이유, 그리고 이토록 많은 호텔들이 다양한 국적의 여행자들로 꽉 차는 이유, 전 세계 텔레비전 뉴스와 신문과 잡지들이 그곳의 새벽풍경을 담는 특별한 이유가 있는 것이다. 그것은 바로, '딱밧(우리말로 '탁발')'이라 불리는 그 유명한 라오스 스님들의 아침공양 행렬 때문이다. 작은 도시에 밀집해 있는 수많은 사원들의 수많은 스님들이 새벽 고요 속에 한꺼번에 줄지어 나오는 딱밧 행렬은, 주황색과 노란색 승복의 긴 띠를 이루어 끝도 없이 이어진다고 한다.

'루앙프라방'이라는 신비한 이름, 그리고 딱밧에 대한 로망이 몇 달 째 끙끙거리며 원고뭉치를 짊어진 나를 이곳으로 오게 했는지도 모른다. 그러나 나는 루앙프라방보다 먼저 남자를 만나버렸다. 노트북을 켤 때마다 그곳의 주소와 전화번호를 이실직고

하라는 남자의 메일이 쏟아졌고, 이대로 여행을 계속할 수 없을지도 모른다는 불안이 엄습해왔다.

여기서부터, 이야기는 새로 시작된다. 며칠 후 남자가 루앙프라방에 나타난 것이다. 루앙프라방 공항 활주로에 생전 처음 보는 소형 프로펠러 비행기가 날개를 내렸다. 라오항공과 방콕항공, 씨엠리엡항공이 운항하는 이 비행기들은 방콕, 치앙마이, 하노이, 씨엠리엡 등 인근 몇 개국의 대도시와 연결된다. 명색이 국제공항이지만 겨우 소형 비행기 한 대만 내리고 타는 곳이라 입국장 안에서도 비행기 몸통이 훤히 보인다. 유리창 너머 입국심사대에 줄을 선 남자가 보였다. 치렁치렁하던 노랑머리를 싹둑 자르고 강호동만 하던 얼굴이 헬쑥해졌다. 한국으로 돌아간 지 겨우 일주일 만이었다. 그 일주일 동안 밥도 못 먹고 잠도 못 자고 먹은 건 모조리 토하고 산송장이 됐다며, 인천에서 방콕까지 6시간 비행, 방콕 공항에서 9시간 밤을 새고 다시 2시간의 비행 끝에 드디어 도착한 것이다.

"장인 장모님 뵈려고 머리 잘랐어."

남자는 역시 속도를 재는 법이라곤 아예 모른다. 그는 바로 몸져누워 일주일을 꼬박 앓았다. 그리고 나는 끙끙거리던 원고뭉치를 집어던지고 새로운 연애소설을 쓰기 시작했다. 내 인생 한 켠에, 백수생활과 글쓰기보다 더 짜릿한 무엇이 새 길을 내고 있었다. 길은 어디선가 반드시 여러 갈래로 갈라지고, 다시 골목으로 엮이며, 비밀스런 고요와 예기치 못한 소란을 동시에 품고 있다.

시티맨의 탄생

그가 '시티맨'이 된 건 그때부터였다. 시골길을 달리는 버스 안에서 남자는 감상에 잠긴 듯 한참동안 창밖을 응시하고 있었다. 내가 먼저 말을 걸었다.

"오랜만에 시골풍경 보니까 좋지 않아요?"

"이런 거 보면서 나는 무슨 생각 하는지 알아?"

그는 주먹을 불끈 쥐었다.

지구의 시계가 멈춘 곳.

메콩 강에 숨어있는 신비의 나라. 라오스의 아침은 스님들의 고요한 딱밧 행렬로 시작된다.

"그냥 확! 밀어버려! 저거 확 밀어서 시티를 건설해야지!"

나는 말문이 막혔다. 한국에서는 보기 어려운 이토록 완벽한 전원을 보면 뭔가 느끼는 게 없느냐, 전 지구가 도시만 건설해대는 물질문명시대에 환경파괴가 불러올 대재앙에 대해서는 생각해본 적 없느냐, 전 세계를 뒤덮은 무섭도록 반듯반듯한 도로들 때문에 모든 마을들이 공장에서 찍어낸 것처럼 똑같이 생겨버리면 얼마나 심심하고 재미없느냐, 도로를 닦는 것만 길을 내는 게 아니고 여행자가 이런 오지까지 찾아가는 것도 길을 내는 거다 등등 그를 설득하기 위해 내 머릿 속에 흩어져있는 온갖 잡다한 생각들을 두서없이 모아서 일장 연설을 했다. 남자는 한참을 듣더니 결론을 내렸다.

"나는 시티에서 자라서 그런 거 몰라……. 나 이래 뵈도 '시티맨'이야, 시티맨!"

대전—시티의 남자 '시티맨'은 그렇게 탄생했다.

나를 만나지 않았다면 그는 평생 라오스에는 오지 않았을 것이다. 시티맨은 시티를 좋아한다. 반듯반듯한 대로에 초고층 빌딩, 휘황찬란한 네온사인과 음악이 울리는 라이브 클럽, 24시간 술과 밥을 해결할 수 있는 편의점, 깨끗하고 안락한 잠자리와 완벽한 냉방시설, 그리고 수십 개의 채널을 갖춘 위성 텔레비전……. 그의 휴식에 반드시 갖춰져야 하는 조건들이다. 게다가 그는 산업사회의 역군으로 투철한 직업정신과 사명감을 가지고 리얼 공사현장에서 직접 도시를 건설하고 있지 않은가. 자신의 일에 대한 시티맨의 자부심은 전 세계를 포클레인으로 밀어버리고도 남을 만하다.

그러나 시티맨이 루앙프라방에 도착한 첫날, 내가 머물던 게스트하우스에서 발견한 것은 방바닥과 벽과 테이블과 침대까지 드글드글 끓고 있는 개미떼였다. 참고로, 이 게스트하우스는 루앙프라방에서 잘 수 있는 숙소 중 최소한 중급에 속한다. 세계적인 유명세 덕에 숙박비가 비싼 그곳에서, 하루 30달러짜리 방을 한 달 체류를 조건으로 15달러에 흥정한 건 기적에 가까운 행운이었다. 지은 지 2년밖에 안 되는 2층짜리 목조가옥에는 깨끗한 침대와 텔레비전, 냉장고, 샤워실이 딸려 있었다. 그리고 방 안에서 공짜로 무선인터넷도 쓸 수 있다. 요즘엔 루앙프라방에도 '와이파이' 안 되는 숙소는 숙소가 아니다. 그러나 단 하나! 개미만큼은 아무리 비싼 호텔이라도 어쩔 수가 없다. 여기는 지구에 몇 안 남은 녹색청정 지역이고, 불교 국가라서 그런지 아무도 열심히 벌레를 죽이지 않는다.

어느 날 아침 나는 노트북을 켜자마자 키보드와 USB 포트 등에서 우수수 쏟아지는 개미 떼를 보고 경악한 적이 있었다. 밤새 따뜻한 노트북 속으로 기어들어간 개미들이 내가 전원을 켜는 순간 깜짝 놀라 밖으로 탈출한 것이다.

"확! 그냥! 다 쓸어버려!"

개미를 발견한 그의 반응은 역시 시티맨다웠다. 그는 당장 개미퇴치제로 방안의 개미를 싹 쓸어버렸고, 레스토랑이든 길거리든 자리만 잡고 앉으면 주변에 우글거리는 개미들을 한 마리도 보이지 않을 때까지 꾹꾹 눌러 다 죽여 버린다. 어느 날 한 마디 했다.

"잔인해!"

시티맨은 충격을 받았다. 그리고 그 때부턴 개미를 발견하면 한참을 노려본다. 그리고 결국 못 견디겠는지 이렇게 물어본다.

"저……, 미노야, 개미 좀 죽이면 안 될까?"

공포의 딱밧

딱밧 이야기를 들려주었을 때, 시티맨은 대뜸 이런 질문을 했다.

"그거 소원 비는 거지?"

"글쎄요. 좋은 일 하는 거니까 부처님이 소원도 들어주시겠죠."

다음날 새벽에 닭이 울었다. 그리고 '궁궁궁' 먼 북소리가 울렸다. 우리는 긴소매

셔츠와 긴 바지를 경건하게 차려 입고 시사방봉 거리로 나갔다.

"어디야? 스님이 어디서 나오는 거야?"

전혀 예상치 못한 일이 벌어졌다. 새벽 6시의 시사방봉 거리는 땡볕 속의 한나절과 똑같이 텅 비어 있었다. 국수집들만이 한집 두집 불을 때고 국수국물을 끓이기 시작했다. 뉴스에서 보았던 엄청난 인파와 스님들의 행렬은 어디에 있는 것일까? 그 때 서성거리고 있는 우리를 향해 한 여인이 다가왔다. 그녀는 돗자리를 펼치고 우리더러 앉으라고 했다. 찰밥을 가득 담은 작은 대나무 바구니와 사탕봉지를 우리 앞에 하나씩 척척 내려놓는다. 그리고는 무릎을 꿇고 밥을 한 움큼씩 떼어내어 사탕과 함께 공양하는 시범을 보여주었다. 우리는 엉겁결에 무릎을 꿇었고 그녀가 하는 대로 시늉해 보았다. 그녀가 '오케이!'를 외치며 합격점을 주었다. 앗, 이건……. '위험신호'였다. 여인은 지금 뭣 모르는 관광객을 상대로 '딱밧 세팅'을 팔고 있는 것이다. 미리 흥정을 해두지 않으면 모든 일이 끝난 후 그녀가 부르는 대로 값을 치를 수밖에 없다. 머리를 굴리려는 순간 갑자기 그녀가 우리를 재촉하며 외쳐댔다.

"딱밧! 딱밧!"

그녀가 가리키는 사원에서 이십여 명의 스님이 줄지어 나오고 있었다. 갑자기 잔뜩 긴장이 되었다. 순식간에 스님들이 우리 앞을 지나가며 한 명씩 일사불란하게 공양 바구니를 내밀었다. 나는 그들이 내미는 속도에 맞추느라 정신없이 찰밥 한 움큼과 사탕 하나씩을 차례차례 바구니에 넣었다. 내 손이 늦으면 행렬이 지체될 수도 있다는 걱정에 혼이 쏙 빠질 것 같았다. 금세 우리의 찰밥 소쿠리가 비었고 사탕도 동이 났다. 그 순간 뭐라 말할 새도 없이 다른 여인들이 달려와 빈 소쿠리와 사탕 주머니를 채워놓았다. 하나의 행렬이 지나가면 곧바로 또 하나의 행렬이 나타나고, 다시 소쿠리가 비고, 또 다른 여인들이 달려와 밥과 사탕을 채워놓는다. 정신 차리지 않으면 하루아침에 지갑을 모조리 털릴 것이다.

그 순간 나는 보아버렸다. 공양 밥을 받아가는 스님들의 표정을. 정신을 차리고 보니 우리 돗자리에는 밥풀이 묻은 빈 소쿠리 십여 개가 나뒹굴었고, 뭘 하는지도 모르는

메콩 강변의 예쁜 전통 가옥들은 모두 호텔과 레스토랑으로 개조되었다.

강변 앞의 프랑스식 호텔.

세 갈래 길을 연결하는 무수한 골목 안, 라오스 인의 집이 슬쩍 숨어있다.

채 장사치들에게 둘러싸인 우리들에게 공양바구니를 내미는 스님들은 시큰둥하거나, 억지로 받아가는 표정이거나, 아니면 '쯧쯧쯧'이란 표정이었다. 너네 대체 뭐하니…….

짧은 찰나 슬쩍 눈치를 보니 그는 숨까지 헉헉 몰아쉬며 열심히 공양에만 집중하고 있다. 나도 숨이 차서 말이 나오지 않는다. 그리고 드디어 딱밧 행렬이 끝이 났다. 여인들은 넋이 빠진 우리를 데리고 사원으로 들어갔다. 작은 부처상 앞에서 기도를 드리라고 한다. 시티맨은 두 손을 모으고 한참을 기도한다. 나는 걱정이 되어 잠시 눈만 감았다가 떴는데, 마침내 보고 싶지 않은 장면을 보고야 말았다. 기도를 끝낸 시티맨이, 오 마이 갓, 그 여인들 무리 앞에서 아무런 경계심 없이 지갑을 활짝 열어 보이며 "하우 머치?"라고 말한다. 여인들이 그의 지갑에서 시뻘건 지폐들을 서슴없이 꺼낸다.

"스톱!"

나도 모르게 내지른 소리에 여인들과 시티맨이 움찔했다. 그는 이미 5만 킵(Kip, 라오스의 화폐단위. 7000킵≒1000원)짜리 지폐 여덟 장을 털린 후였다. 우리 돈으로 약 6만 원. 여기서 그 돈이면 쌀국수는 40그릇, 볶음국수는 200봉지를 사먹을 수 있다. 나는 다년간 배낭 메고 행군하기, 싼 숙소 찾아내기, 질보단 양으로 배 채우기, 친절한 척하는 사기꾼과 진짜 친절한 사람 구분해 내기, 소매치기에게 절대 당하지 않기, 그리고 여행자를 등쳐먹는 장사치들에게는 온몸으로 저항하기에 몸과 마음을 길들여 왔다. 그야말로 배낭여행자 행동지침을 완벽하게 흡수한 '여행 백단'임을 자부하는 내가, 넋놓고 '당했다'. 뱃속에서 무언가 부글부글 끓는다. 거칠게 그를 밀치고 여인들을 막아섰다. 여인들이 라오스말로 무언가를 외치며 돈을 더 요구했지만 나는 인상을 팍 구긴 채 꿈쩍도 하지 않았다. 여인들은 포기하고 돌아갔다.

하필이면 비수기가 한창인 9월초였다. 하필이면 평일이었고, 하필이면 시사방봉 거리 북쪽 끝에 있는 사원 앞이었다. 그러나 내가 알고 있는 '딱밧'은 그런 이유들과 전혀 상관이 없다. 이 도시의 딱밧은 관광 상품이 아니라 오랜 세월 지켜온 전통이며, 21세기에도 여전히 하루도 빠짐없이 옛날 방식 그대로 지켜지고 있다는 점이 외부세계를 놀라게 한다. 그래서 여기는 '라오스'인 것이다. 지구의 시계가 멈춘 곳. 메콩 강에 숨어있는 신비의 나라.

　이곳에 오기 전부터 내 머릿속에는 줄지어 무릎을 꿇고 스님들에게 경건하게 손을 내미는 라오스인들의 선한 눈빛이 루앙프라방의 이미지로 넘쳐나고 있었다. 그러나 내가 상상하는 세상의 모든 스펙터클은 실제와는 아무런 상관이 없다. 달력사진, 그림엽서, 텔레비전과 영화의 온갖 장면들은 현실의 어떤 한 토막을 네모난 틀 안에 잘라서 가공한 것일 뿐이다. 수많은 매체들과 수많은 사람들이 수많은 토막들을 마음대로 썰고 엮어 루앙프라방의 이미지를 만들어낸다. 그러나 잘려 나온 토막들은 모두 이미 과거로 사라진 것들이다. 그 때 그 장면은 텔레비전 밖에선 결코 리플레이 될 수 없다.

　딱밧은 계속되지만 아침마다 공양하는 라오스인들은 이미 오래전에 모두 사라진 모양이다. 스님들은 더 이상 공양 바구니로 아침밥을 먹지 않는다.

　한참 후, 말이 없던 시티맨이 나를 불렀다.

　"미노야."

　무슨 일이 일어났는지 그도 비로소 깨달은 것이다……, 라고 생각했다.

　"아까 소원 뭐 빌었어?"

　"어? 무슨 소원?"

　이런, 깨달아야 할 사람은 나였다. 그에게 지금 중요한 건 딱밧도, 6만 원도, 루앙프라방에 대한 환상이니 뭐니 시시콜콜한 상념도 아니다. 그에게 지금 중요한 건,

　"에이, 섭섭하다. 나 소원 뭐 빌었는지 알아? 우리 행복하게 잘 살게 해달라고 빌었어."

　가슴 밑바닥에서 따뜻한 것이 울컥 올라왔다. 그날 새벽 여섯 시 시사방봉 거리에서 내가 보려했던 것은 무엇일까. 나는 아직 보지도 느끼지도 못한 그 '딱밧'이란 것이, 바로 내 곁에서, 누군가의 진심과 정성을 담으며 지나가고 있었던 것이다. 시티맨은 행복하게 웃고 있었다.

그녀의

정체

불행히도 우리의 닮은 점은 그 두 가지가 다였다. 그로부터 다섯 달 동
안 우리는 닮은 점이라곤 눈곱만큼도 찾을 수 없다는 걸
알게 되었고, 오히려 기절초풍할 만큼 극과 극의 다른 점만을 하루에도
열 개씩 발견해야 했다.

"오! 우리는 이것도 똑같네!"

수박을 먹다가 시티맨이 좋아서 입이 찢어지려고 한다. 무슨 말인고 하니, 수박을 먹을 때 씨부터 꼼꼼하게 다 빼낸 다음 빨간 수박살만 꿀꺽 먹어치우는 게 똑같다는 말이다.

"또 뭐가 똑같은데?"

"샤워할 때 샴푸, 린스 먼저 하고 샤워하는 거. 린스가 머리에 확! 스미잖아."

그러나 불행히도 우리의 닮은 점은 그 두 가지가 다였다. 그로부터 다섯 달 동안 우리는 닮은 점이라곤 눈곱만큼도 찾을 수 없다는 걸 알게 되었고, 오히려 기절초풍할 만큼 극과 극의 다른 점만을 하루에도 열 개씩 발견해야 했다.

정신을 차리고 보니 우리는 낯선 나라에 오직 단 둘이서 서로를 붙들고 생존해야 하는 상황에 놓여 있었다. 그러나 우리는 같은 공간에서 단 몇 분도 함께 할 수 있는 게 없었다. 시티맨은 고기를 좋아하고 나는 고기를 아예 먹지 못하니 식사 시간마다 어느 한쪽은 만족할 수가 없다. 몸에 열이 많은 시티맨은 땡볕 아래 걷는 것을 못 참아 하고, 몸이 찬 나는 에어컨 아래 앉아있는 걸 못 참아한다. 그는 네온사인이 없는 동네 에선 심심해서 죽으려고 하고, 나는 조용한 시골 마을에서 가만히 있는 게 좋다. 나는 분위기 좋은 커피숍에서 진한 커피를 마시며 사람 구경하고 수다도 떨고 책도 읽는 것을 좋아하는데, 그는 할 일 없이 커피숍에 앉아있는 여자들을 혐오한다. 나는 얘기 하는 걸 좋아하고 그는 얘기 듣는 걸 싫어한다. 나는 재미도 없는 회식자리에서 훈화말 씀 듣는 걸 세상에서 제일 싫어하는데, 그는 바로 그 훈화말씀을 늘어놓는 장본인이다. 이과와 문과, 육식동물과 초식동물, 냉온동물과 냉한동물, 보수와 진보, 주류와 비주류……, 라오스에 왔을 때부터 시티맨은 매일 일기를 쓰고 있는데 거기에는 우리의 기막힐 만큼 다른 점이 빽빽하게 기록되어 있다.

누구나 그렇듯이 처음에는 서로에게 내숭을 떠는 시간이 있다. 나 역시 성격상 절대 용서할 수 없는 그의 사고방식을 내숭 덕분에 잠시 참아내었다. 낭만적이다 못해 비현실적이었던 방콕에서와는 달리, 루앙프라방에서 재회한 지 단 일주일 만에 우리의 적나라한 현실은 들통이 나버렸다.

"전투경찰요?"

믿을 수가 없었다. 대학시절 나는 열심히 데모대를 따라다닌 학보사 기자 출신이다. 그런데 바로 그가 그 시절 우리가 이름만 들어도 공포와 분노에 몸을 떨었던 전투경찰 출신이란다. 물론 그의 입장에서 나는 '공부 안하고 쓸데없이 데모대에 쓸려 다니며 선량한 시민들에게 피해를 주는, 사회정의를 위해서라도 확 쓸어버려야 하는 놈들' 출신인 거다.

그 순간에도 나는 조심스러웠다. 연애전선에서는 서로의 과거에 대해서만큼은 문제 삼지 않는 게 원칙이다. 그러나 정치적 견해, 아니 세계를 보는 눈이 다른 사람들이 애정전선에서 만나면 어떤 일이 벌어질까. 책이라곤 만화와 무협지 외에는 읽지 않는 그가 어릴 때 그나마 열심히 읽은 책들이 위인전이란 말을 듣고 내가 한 마디 했다.

"그런 책 잘못 읽으면 촌스러운 애국청년 되는데."

"애국청년이 왜 촌스러워?"

"국기에 대한 경례! 뭐 그런 걸 애국이라고 생각하는 거 촌스럽잖아요."

"국기에 대한 경례 당연히 해야지. 국가가 있어야 내가 있는 겨."

그 순간, 나는 우리 사이의 낭만과 평화의 시대가 조만간 끝날지도 모른다는 걸 직감했다.

"나라와 민족을 위해 몸 바치기 전에 자신의 행복이 뭔지 관심 가져 본 적 있어요?"

"그게 자기 밥그릇만 생각하는 거잖아. 그런 놈들이 데모하는 거 아녀?"

우리의 전쟁은 필연이었다. 평화의 시대는 막을 내렸다.

"국가가 먼저 개인의 행복을 보장해 줘야 국가지, 무조건 충성부터 하라는 게 말이 돼? 만약에 전쟁이라도 나면 당신 지금 민방원데 총 들고 목숨 걸고 나가 싸우겠네?"

"그럼 싸워야지!"

"그럼 가족도 다 버리고? 국가를 위해선 나도 버리는 거네?"

"아, 몰라 몰라! 나는 애국할 겨! 사십 평생 살아온 나를 통째로 바꾸란 말야?"

며칠 후 그가 드디어 미노라는 여자의 정체를 깨닫기 시작했다.

"아프리카엔 혼자 왜 갔어?"

5년 전 나는 8개월간 혼자 아프리카 여행을 하고 돌아와 책을 낸 적이 있다. 그가 인터넷에서 나의 전력을 발견하고는 뜬금없이 물었다.

"여행하러 갔죠."

"여자가, 혼자 그런 델 가도 되는 겨?"

헉! 말문이 막히려고 했다.

"여행은 때로 혼자 하는 게 좋아요."

"혼자 하면 뭐가 좋은데?"

"자유롭잖아요."

"자유? 여자가 혼자? 그거 '방탕' 아녀?"

이 남자, 도저히 안 되겠다. 21세기에 아직도 이런 남자가 존재한단 말인가. 그야말로 폐기처분된 역사교과서, 걸어 다니는 박물관이다!

"제가 방탕하다는 거에욧?"

"혼자 다니면 놈팽이가 꼬인단 말야!"

"당신이 그 놈팽이네. 방콕에서 혼자 여행 온 날 꼬셨잖아욧!"

"네가 숙맥처럼 깡충깡충 내 눈에 들어왔잖아!"

아니, 그 미스터리한 '깡충깡충'이 그런 의미였단 말인가.

나는 웃음이 터져버렸다. 영문도 모르고 내가 포복절도하는 걸 멍하게 보던 시티맨이 물었다.

"여행이 대체 뭐여?"

"지금 하고 있잖아요."

"난 여행 몰라! 자유? 여행? 넌 너무 자유방임이얏!"

그 짧은 대화가 이번 여행 내내 우리를 전쟁으로 몰아넣은 불행의 씨앗이란 걸, 그땐 알지 못했다. 그 때부터 시티맨은 툭하면 여행이 싫다고 구시렁거렸고, 여행을 하면

ສາຍຄຳ
Saykham

서도 여행을 싫어하는 이상한 여행자가 되었다. 시티맨은 계속 분이 풀리지 않는지 끝내 한 마디를 더 한다.

"세상은 남자가 지배하는 거야! 여자는 밖에 나가면 안 돼! 나는 그래서 여자하고는 절대 일 안 해!"

내 친구들이 내가 이런 남자와 함께 있다는 걸 알면 기절초풍할 것이다.

"일은 여자랑 안 하고 연애는 여자랑 해요?"

"나는 연애 하는 게 아니고 널 책임지는 거야! 그게 남성우월주의자야!"

"흥, 나는 마초혐오주의자야."

"마초가 뭔데?"

"당신 같은 남자."

한밤의 라오 위스키 클럽

시티맨에게 술친구가 생겼다. 우리가 머물고 있는 칸 강변의 리버사이드 게스트하우스의 왼쪽은 '까오 껌(라오스 식 뻥튀기 쌀과자)'을 만드는 집이고, 오른쪽은 한 달 째 집을 짓고 있는 공사장이다. 왼쪽 집의 아들 '아이'와 오른쪽 공사장의 인부들이 바로 시티맨의 술친구들이다. '아이'는 서른 살의 라오스에서는 드문 독신남으로 자칭 '플레이보이' 술꾼이다. 라오스에서 '아이'라는 이름은 우리말과는 정반대로 '맏형'이란 뜻이다. 직업은 아침에는 경찰, 오후에는 전기기사라고 하는데 한 번도 경찰복을 입은 걸 본 적이 없다.

"아이, 너 진짜 경찰 맞니?"라고 물으면 아이는 웃기만 한다. 하지만 다부진 체격과 날카로운 눈빛을 보면 경찰의 아우라가 느껴지기도 한다. "아이! 너 진짜 정체가 뭐야?!" 어느 날 궁금증을 못 견딘 시티맨이 술김에 버럭 소리를 질렀더니 아이가 고백했다. "나는 '사복경찰'이야."

아이는 밤만 되면 자기 방에서 직접 제조한 '라오 위스키'를 페트병에 가득 담아서 들고 온다. 라오스인들은 '라오 위스키'라고 부르는 정체불명의 독한 술을 좋아하는데, 집에서 직접 만들기 때문에 집집마다 술맛도 다 다르다. 아이가 만든 라오 위스키는 유난히 쓰고 독해서, 술 마신 다음날의 숙취가 끔찍한 수준이다. 그 독한 술을 매일 밤 마시는 아이는 자기보다 덩치도 큰 시티맨이 술에 취해 나가떨어지는 것을 재미있어 한다.

아이가 밤마다 시티맨을 끌고 가는 곳은 공사장 인부들의 임시숙소이다. 그곳에 있는 이십대 초중반의 남자들은 대부분 시골마을에 처자식을 두고 온 가장들이다. 하루 일당은 우리 돈으로 약 오천 원 정도인데, 그들은 돈벌이가 된다며 환하게 웃는다. 해가 저물면 칸 강변이 들썩거리도록 음악을 크게 틀어놓고 시끌벅적하게 라오 위스키를 마시는 그들의 소란이 들려온다. 그들은 마치 고향친구처럼 그냥 지나치려는 시티맨을 끝까지 붙들어 결국에는 술을 먹인다.

"어떻게 이 밤에 나 혼자만 처박아 두고 술을 마셔요?"

나도 남자에게 이런 유치한 잔소리를 하게 될 줄은 몰랐다. 여행 몇 주 만에 마치 한국에서의 2~3년차 연애 상대가 되어버렸다. 결국 이런 식으로 점점 익숙해지고 동시에 멀어지며 데이트도 귀찮아하는 관계가 될 것이다.

그 무렵 나의 소식을 들은 친구가 한국에서 메일을 보내왔다. '그렇게 '욱'하는 프러포즈를 믿을 수 있느냐, 쭈꾸미도 한다는 콩깍지 시절의 사랑은 절대 믿으면 안 된다, 한국에 돌아와서 천천히 신중하게 생각해봐라.'는 내용이었다. 며칠 연속 술에 취해 들어온 시티맨에게 나는 이런 식이면 당신과 함께 계속 여행할 수 없다고 선언했다.

"여행하다 만났으니 헤어져도 그만이란 거야? 자유로운 여자는 그런 겨?"

그는 문제만 생기면 나의 '자유 혹은 자유방임'을 들먹였다. 그리고 '여자란 모름지기 한 남자 그늘 아래 얌전히 살아야지, 자유로우면 안 되는 것'이라고 주장했다.

"지금 당장 대사관에 가자! 거기 가서 혼인신고하자! 꼼짝 못하게 묶어버리겠어!"

"35년을 고민해도 못했는데 어떻게 한 달 만에 혼인을 해요?"

"그럼 또 언제든지 자유롭게 날아가겠다는 거얏?"

세 갈래 길 밖

구시가지의 아름다운 전통가옥들이 호텔과 레스토랑들로 개조되면서 라오스인의 집들은 점점 더 외곽으로 밀려났다. 루앙프라방은 분명히 변하고 있다. 그곳 사람들이 새벽 일찍 시사방봉 거리까지 공양밥을 싸들고 오기는 점점 더 어려워진 것이다. 그러나 새벽 딱밧은 예전 같지 않지만 수많은 사원들에는 여전히 곱게 차려입은 라오스 여인들이 공양밥 도시락을 정성스럽게 안고 드나든다.

"이게 뭐니?"

"돼지 이빨!"

손에 든 목걸이를 보여주며 계집아이들이 까르르 넘어간다. 세 갈래 길이 끝나는 분수대를 넘어 나는 길을 잃었다. 무작정 접어든 골목길에서 아이들을 만났다. 얼굴이 까맣게 탄 계집아이 네 명이 한 줌도 안 되는 액세서리들을 조그만 쟁반에 담아 들고 나를 빙 둘러섰다. 수상하게 생긴 목걸이 하나를 집어 드는 순간, 시작되었다. "이거 투엔티! 이건 써티!" 서로 자기 쟁반에 담긴 목걸이들을 사라고 아우성이다. 예전 같으면 아이들의 강매 작전에 눈 질끈 감고 돌아섰건만, 내가 나이가 들었나 보다. 녀석들의 눈망울에서 눈을 뗄 수가 없다. 그리고 그 순간 엉뚱하게도 시티맨이 생각났다.

길은 어디선가 반드시 여러 갈래로 갈라지고, 다시 골목으로 엮인다. "인생 뭐 있어? 나라와 민족을 위해서 한 목숨 기꺼이 희생하는 거야!"를 외치던 수구 보수 남성 우월주의자가, 아직도 이름조차 정확하게 몰라서 만날 "뭐라고 했지? 룽—팡?"이라고 묻는 지구 저편의 낯선 땅의 조그만 침대머리에서, 그 큰 덩치를 쪼그리고, 별나고 이상한 소리만 지껄이는 어떤 여자를 이해해 보려고 애쓰고 있다. 나는 이미 머리로는 이해할 수 없는 삶의 필연적인 여러 불합리성들, 그러나 그 것들이 어느 길목에서 부딪혔을 때 논리 따위와는 아무 상관없이 저절로 화해해버리는 인간과 자연의 놀라운 법칙을 느끼고 있었다. 그 순간 시티맨의 웅크린 등이 생각났다.

루앙프라방에는 액세서리 쟁반을 들고 다니는 꼬마 보따리상 조직이 있다. 어른들이 시킨 게 아니라 아이들이 자발적으로 조직한 일종의 협동조합이다. 녀석들은 친구

집에 모여 직접 솜씨를 발휘하여 목걸이나 팔찌, 작은 인형 같은 걸 만든다. 각자 조그만 쟁반들에 그 것들을 담아서 하루종일 루앙프라방 골목 구석구석 몰려다닌다. 외국인을 발견하면 우르르 몰려가서 물건을 사라고 조른다. 당하는 입장에서는 서로 자기 것을 사라고 소리치는 녀석들이 무서워서라도 쉽게 하나 골라낼 수가 없다.

한 아이의 물건을 사면 다른 아이들은 마치 울 것처럼 입술을 씰룩거리며 토라져서 가버린다. 그러다 금세 까르르 웃으며 다음 목표물을 향해 몰려가는 것이다. 경쟁자들 없이 혼자 다니면 한 개 더 팔수도 있는 걸, 저렇게 몰려다니는 걸 보면 아마도 녀석들에게 이건 '놀이'에 가까운 것 같다. 친구들이 일주일에 한 개만 팔아도 엄마 아빠에게는 절대 얻을 수 없는 큰돈을 만지게 되는 걸 보면 너도나도 하겠다고 나서는 게 당연하다.

그래서 라오스의 여행자들은 아이들의 물건을 사주는 게 오히려 더 많은 아이들을 장사치로 내모는 결과를 초래한다고 경고한다. 한창 공부하고 뛰어놀아야 하는 아이들을 어른들의 세계에 내몰아선 안 된다는 것이다. 그러나 아이들의 세계 밖에 있는 우리가, 아이들이 하면 안 되는 수많은 금기들을 결정할 수 있을까. 아이들도 자기들만의 방식으로 행복할 수 있다. 우리는 그들의 행복을 대신해 줄 수도 없고, 그들의 행복의 방법에 대해 진심으로 알지도 못한다.

"영어는 어디서 배웠니?"

"학교! 까르르~."

나는 돼지 이빨 목걸이를 사버리고 말았다.

그에게

바람

불어온

시티맨이 드디어 그 지긋지긋한
깡촌의 무언가에 대해 감탄하고 있다.
작은 헬멧에 겨우 들어가 있는
시티맨의 터질 듯 커다란 얼굴이 흐뭇하게

루앙프라방을 내려다본다.

Here is Luang Prabang

"난 어릴 때 문학소녀였어."

이 정도 얘기하면 누구나 뻔히 그리는 그림이 있다. 그러나,

"문학소녀가 뭔데?"

시티맨은 눈을 동그랗게 뜨고 그게 뭐냐고 묻는다. 세상에, 그는 '문학소녀'라는 말을 태어나서 처음 들어본다고 했다. 그래서 사춘기 시절의 여자아이들 중에는 유별나게 감상적인 낭만파 아이들이 있는데, 밤 새워 책을 읽고 시를 쓰고 황당무계한 상상력을 마구 발동시키며 이야기를 지어내고, 꿈과 현실과 과거와 미래가 마구 뒤섞여 엉뚱한 짓을 저지르기도 한다고 설명해주었다.

"아마 그 때 읽은 책들이 내 인생을 통틀어 가장 엄청날 걸."

며칠 후 시티맨이 이렇게 선언했다.

"나 이제부터 문학소년 할래."

루앙프라방에서 지낸 지도 벌써 한 달째, 우리는 여기서 가장 세련된 커피숍인 '조마베이커리' 2층에 앉아 있었다. 나는 원고에 끙끙거리느라 몇 시간 째 노트북 앞에 코를 박고 있었고, 시티맨은 앞에 앉아 내 책 몇 권을 뒤적거리며 지루해 하고 있었다. 원고를 쓰다 흘끔 넘겨다보면 그는 한숨을 쉬다 잠을 자다 몸을 배배 꼰다. 세상에서 가장 혐오한다던 바로 그 '커피숍에 앉아있는 사람'이 되어있는 것만으로도 용하다.

"웬 문학소년?"

좋아하지도 않는 커피를 홀짝거리며 시티맨이 꿋꿋하게 책을 읽는다. 이렇게 우리는 아침 열 시부터 오후 네다섯 시까지 조마베이커리 2층에 죽치고 있다. 시원한 에어컨 바람 아래 존 메이어, 제이슨 므라즈 같은 최신 아메리칸 팝이 기분 좋게 흘러나오고 1층에서는 향긋한 커피냄새와 달콤한 빵 냄새가 계단을 타고 올라온다. 여기가 지구의 오지 중에 오지로 통하는 라오스라는 건 금세 잊힌다.

조마베이커리는 루앙프라방에 살고 있는 외국인들의 사랑방 같은 곳이다. 그들에게도 가끔은 야생의 라오스를 잊을 수 있는 '웨스턴 커피향'이 필요할 것이다. 가끔 라오스인들도 눈에 띄는데 한 가족의 하루 생활비만큼의 돈을 커피 한 잔에 투자할 수

있는 사람들이다. 독일인 매니저는 우리가 나타날 때마다 인사를 한다. "내 사무실이라고 생각하시고 마음껏 쓰세요."라는 그의 말을 우리는 진심이라고 믿었다. 한국에서는 항공기 직항편도 다니지 않는 라오스까지 와서 독일인이 운영하는 유럽식 커피숍에 하루 종일 앉아있다니 사실 말이 안 된다. 그러나 우린 라오스에 왔으면 라오스를 제대로 느껴야 한다느니 하는 그런 열혈 여행자가 아니었다.

아침에 일어나면 시티맨이 노트북과 책을 가득 넣은 배낭을 메고 대기하고 있다. 우산을 펼쳐들고 금세 이글거리기 시작한 아침 햇살을 피해 천천히 시사방봉 거리를 걸어 나간다. 새벽 여섯시부터 직접 문을 여는 '모닝글로리 카페'의 벨기에인 주인 남자가 눈을 마주치자마자 '굿모닝'한다. 좀더 걸으면 담배나 맥주를 사러가는 구멍가게 아저씨가 활짝 웃으며 눈인사를 하고, 자주 들르는 카페의 종업원들이 우리를 발견하고 단체로 손을 흔든다. 'Le Cafe Ban Vat Sene'라는 복잡한 이름의 이 카페는, 루앙프라방에 도착한 첫날 시티맨이 '내 여자에게 바치는 노래'라며 벌떡 일어나 이적의 '다행이다'를 쩌렁쩌렁 뽑아내고, 앉아있던 손님들에게 박수를 받은 장소이다.

그러나 그 후 우린 그곳에 갈 때마다 이런 저런 이유로 전쟁을 해댔고, 화가 나면 목소리가 사나워지는 시티맨이 카페 종업원들을 모두 초긴장 상태에 빠뜨렸던 적도 여러 번이다. 기질이 순한 라오스인들은 이렇게 소리 지르는 법이 없다. 그러니 밥 먹다가도 싸우고, 길 가다가도 싸우고, 슈퍼마켓에 가서도 싸워대는 우리는 단번에 별난 이웃으로 찍혀버렸다. 우리가 전쟁하는 날엔 온 동네가 안다.

시사방봉 거리가 끝나는 사거리에는 1만 킵에 야채와 치즈를 꽉꽉 채워주는 푸짐한 바게트 샌드위치와 생과일쉐이크를 파는 노점상이 있다. 가난한 배낭족들이 루앙프라방 레스토랑의 고물가를 피해 아침을 해결하는 곳이다. 샌드위치 노점상 맞은편에는 근방에서 가장 싸고 맛있는 빵을 가판대에 쌓아놓고 파는 제과점이 있다. 조마 베이커리만큼 우아한 맛은 아니지만 단돈 천 원이면 바나나초코케이크, 망고케이크, 오렌지케이크 같은, 이곳에선 흔치 않은 맛의 다양한 케이크를 마음껏 담아갈 수 있다. 시사방봉 오른쪽의 시장 골목에는 아침 여섯 시부터 아홉 시까지만 재래시장이 선

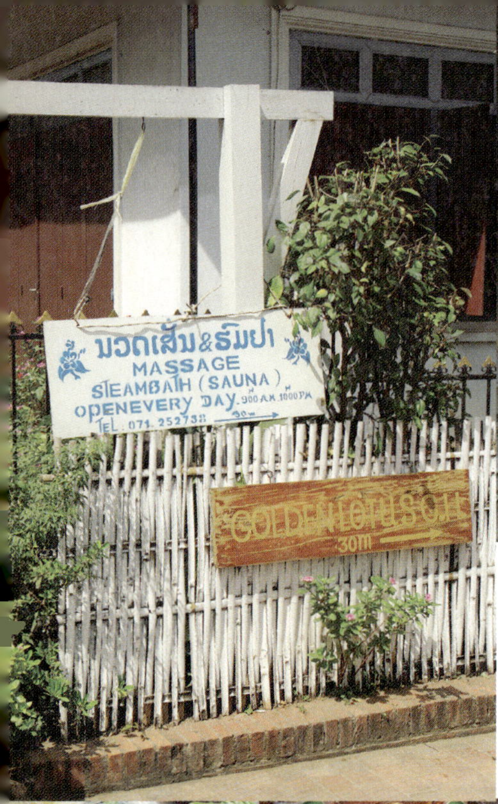

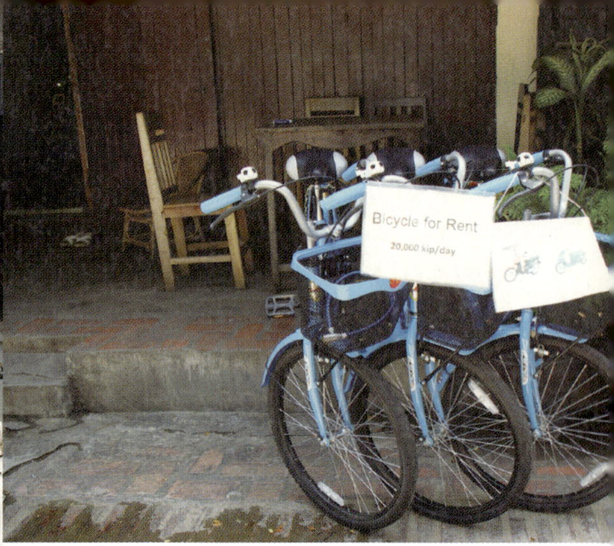

루앙프라방을 둘러 보는 가장 좋은 방법은 자전거 하이킹.

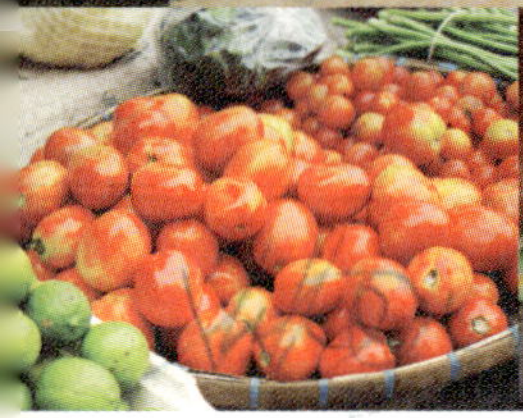

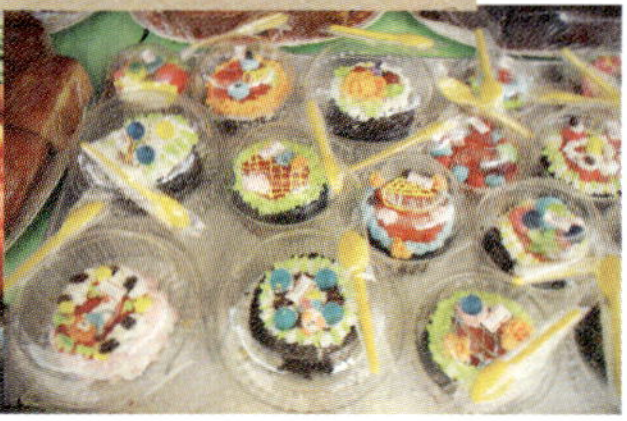

샌드위치 노점상 앞 제과점의 싸고 예쁜 케이크들.

TO leny

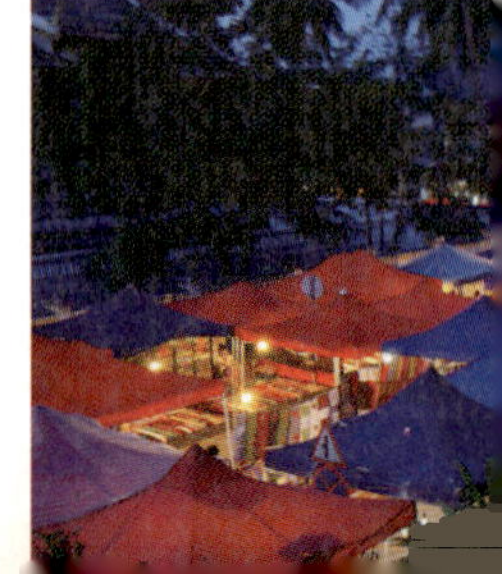

아침에만 서는 재래시장.

시사방봉 거리의 저녁 수공예품 시장에 어둠이 내리면 총천연색 빛의 바다가 출렁인다.

다. 여기에도 쌀국수, 야채쌈, 코코넛떡, 튀김 등을 즉석에서 만들어 파는 값싸고 맛
있는 장터 먹거리를 맛볼 수 있다. 저녁에는 시장 골목 입구에 루앙프라방만의 특별한
야식 노점이 들어서는데, 단돈 1만 킵에 한 접시 가득 원하는 데로 퍼 담을 수 있는 길
거리 뷔페식당이다.

하루 일과를 끝내고 조마베이커리에서 돌아오는 길에는 저녁 5시부터 천막을 치기
시작하는 수공예품 시장을 만난다. 라오스 북부의 산악지대에 흩어져있는 수많은 부
족마을에는 백과사전에나 등장하는 화려한 전통의상을 손수 지어 입고 사는 사람들
이 있다. 그들이 염색하는 다채로운 색감의 천들은 전 세계 어떤 고급 백화점에서도,
어떤 갤러리에서도 볼 수 없는 오직 루앙프라방만의 특별한 색의 세계를 연출한다. 그
러나 하이라이트는 어둠이 깊어질 때부터이다. 그 형형색색이 불빛과 어울려 만들어
낸 빛의 세계는 순간 그곳을 전혀 다른 시공간으로 데려간다.

예쁜 가방들과 치마들과 스카프들은 동남아 여행자라면 모두 한 번쯤은 방콕이나
호치민 같은 곳에서 발견하고 기꺼이 지갑을 열게 되는 것들이다. 그러나 부족여인들
의 손에서 갓 탄생해, 최초의 믿을 수 없을 만큼 싼 가격표를 달고, 엄청나게 많은 수
량과 종류로 전시되어 있는 곳은 여기밖에 없다. 이 시장의 물건들이 방콕으로 건너가
면 열 배쯤 값이 뛰고 서울의 홍대 앞까지 가면 적어도 스무 배는 값이 올라가는 것이
다. 물론 여기서도 흥정은 필수다. 부르는 값의 3분의 1까지 값이 떨어진다. 그러나 적
당한 값을 쳐주는 것도 여행자의 예의다.

어느 날 시티맨이 정말로 문학 소년이 되려고 결심했다.

"나 소설 쓰기로 했어."

아니, 사람이 갑자기 너무 변하면 안 된다던데…….

"내가 어젯밤 꿈을 꿨거든? 근데 그게 소설로 안 쓰면 아까울 정도란 말이야."

얘기인즉, 꿈속에서 시티맨은 지구에서 유일하게 외계인의 언어를 알아듣는 초능
력을 갖게 되었는데, 외계인들이 지구를 싹 쓸어버릴 만큼의 어마어마한 군대를 보내
주었고, 시티맨은 지상 20만 층에 지하 10만 층의 엄청난 규모의 빌딩을 건설하여 나

라와 민족에 충성하는 주류와 충성을 거부하는 비주류를 가려내어 분리거주 시키고, 지구 탄생 이래 최고의 통치자가 되었다는 내용이었다. 그가 얼마나 자세하게 묘사해내는지 나도 그에게 "소설 쓰세요."라고 말하고 싶어졌다. 그런데 외계인이 지구로 엄청난 레이저 광선을 쏘아대어 만들었다는 '총천연색의 바다'는 생각해보니 어제 저녁에 본 수공예품 시장의 그 멋진 빛의 바다가 아닌가. 나는 마흔 살의 한국남자에 대해 정말로 무지했다. 그들은, 아이처럼 잔인하고 순수하다.

스쿠터로 여행에 입문하다

이 도시에 익숙해진 우리가 그 때까지도 여전히 참을 수 없는 게 있었는데, 바로

"워터폴!"

"헤이! 워터폴!"

시사방봉거리에서 조마베이커리 앞까지 몇 미터 간격으로 줄지어 있는 툭툭 기사들이 잠시도 쉬지 않고 외쳐대는 소리다.

"아니, 하루 종일 뭐가 원더풀이여?!"

참지 못한 시티맨이 버럭 소리를 지른다.

"원더풀이 아니고 워터폴. 루앙프라방 근처 '쾅시폭포(Tat Kuang Si)'라는 게 유명하대요."

루앙프라방이 유명 관광지이긴 하지만 배낭족들이 오래 머물기에는 터무니없이 모든 게 비싸다. 여유 있게 어슬렁거리는 외국인들은 대부분 그곳에 살고 있거나, 아니면 황혼의 낭만 여행을 온 노부부들이다. 배낭족들은 대개 하루 이틀 시내의 사원들을 관광하고, 다음 날 여럿이 툭툭을 빌리거나 여행사 투어를 통해 쾅시폭포를 다녀온 후 다음 여행지로 떠난다. 대체 거기에 뭐 대단한 게 있기에 저토록 툭툭 기사들이 난리를 치며 호객행위를 하고, 돈 없는 배낭족들도 거기만큼은 꼭 시간과 돈을 투자해서 다녀오는 것일까.

"우리도 그놈의 원더풀인지 워터폴인지를 가보자."

어느 날 시티맨이 스쿠터를 빌려 나타났다. 놀랍게도 그는 왕초보 바이커이다. 하기야 네모 반듯 삐까번쩍해야 하는 시티에 소음과 먼지를 뿜어내는 오토바이는 시티맨의 정신에 어긋난다. 라오스의 길은 신기하게도 시티맨의 취향에 딱 맞았다. 무조건 직선 코스. 갈림길이라곤 없다. 루앙프라방 시내를 벗어나면 이런 곳에 사람이 사나 싶은 허허벌판과 울창한 숲길이 나타나는데 10분쯤 달리면 촌락이 하나, 다시 10분 쯤 달리면 촌락이 또 하나 나타나는 식이다.

길이 하나밖에 없으니 교통 표지판 같은 건 당연히 없는 줄 알았다. 그러나 한참 후에 길가에 규칙적인 간격으로 박혀있는 작은 비석 같은 걸 발견했는데 자세히 보니 거기에 너무나 귀엽고 작은 글씨로 '쾅시 60Km'라고 쓰여 있었다. 휴게소나 주유소 같은 건 물론 없지만 걱정할 건 없다. 촌락이 나타날 때마다 휘발유를 채운 페트병들을 몇 개 늘어놓은 일종의 간이주유소, 자전거·오토바이 타이어 수리점, 조그만 구멍가게들을 만나게 되기 때문이다. 이런 가게들은 운전자들이 멀리서도 발견할 수 있도록 재미난 간판을 세워 놓았다. 자동차 타이어를 자기만의 온갖 방법으로 꾸며 만든 타이어 간판들이다.

루앙프라방을 벗어난 이후 우리는 단 한 대의 자동차도 만나지 못했고, 촌락을 지날 때 드문드문 오토바이 한두 대와 자전거들을 지나쳤을 뿐이었다. 옛날 우리 할아버지의 시대처럼 라오스 사람들의 이동수단은 아직까지 '두 발'이다. 텅 빈 산길에도 종종 커다란 바구니를 메거나 낫을 든 사람들이 심지어 맨발로 지나간다. 간만에 스쿠터 바이커로서 '몸을 쓰는' 임무를 부여받은 시티맨은 신이 나서 손을 흔들어보지만, 사람들은 희한한 물건을 발견한 양 눈을 댕그랗게 뜰 뿐이다.

루앙프라방을 벗어나 네다섯 개의 촌락을 지났을 즈음 길은 본격적으로 울창한 숲 속으로 뻗어 들어갔다. 드문드문 지나가던 인적도 뚝 끊어지고 깊은 숲에서만 나는 습기 찬 풀 냄새가 진동했다.

"이런 곳에 시체를 파묻어도 모를 겨."

가뜩이나 오싹해지고 있는 가슴에 시티맨이 드라이 아이스를 붓는다.

쾅시폭포 가는 길의 촌락 풍경.
운전자들이 멀리서도 발견할 수 있도록
가게 입구에 타이어를 걸어놓은 재미난 간판.
동네 앞에서 호박을 파는 노점이 귀엽다.

"라오스에서 일본 여행자 두 명이 행방불명된 사건 알아? 일본 정부가 산이고 들이고 헬기까지 동원해서 싹싹 뒤졌는데 못 찾았대. 그래서 라오스 같은 깡촌에는 겁없이 여행가는 게 아녀. 시티를 가야지, 시티를."

나는 처음으로 시티맨의 의견에 동조할 뻔 했다. 이런 산길까지 라오스 정부의 손이 미치고 있는 걸까. 산적이라도 출몰하면 어떻게 빠져나갈 것인가. 나 혼자 다닐 땐 아무도 없는 산길을 홀로 지나는 짓은 엄두도 내지 못했으므로 여행 중에 이런 상황이 닥칠 거라곤 전혀 예상하지 못했다. 그 때였다. 한 무리의 사람들이 걸어오고 있는 게 보였다. 그런데 헉! 그들의 손에는 몽땅 커다란 도끼 하나씩 들려 있다.

"빨리 가요. 무서워."

그들이 점점 가까워져왔다. 그리고 그들은 모두 정면으로 우리를 뚫어지게 보고 있었다. 5미터, 3미터, 1미터! 나는 시티맨의 등에 고개를 파묻고 말았다.

"으하하하! 그렇게 겁이 많아서 혼자서 아프리카는 어떻게 갔대?"

그들은 그냥 나무꾼이었다.

쾅시폭포에 다다랐을 무렵 갑자기 엄청난 폭우가 쏟아졌다. 시티맨은 나에게 꼼짝 말고 자기 등에 바싹 붙으라고 이른 후, 두 사람 몸을 통째 묶어 비옷을 씌웠다. 나는 머리부터 발끝까지 비옷 속에 들어갔고, 컴컴한 옷 속에서 아무것도 볼 수 없게 되었다. 그 상태로 30분을 달렸다. 비옷 천에 후드득 쏟아지는 빗소리와 부르릉거리며 달려가는 스쿠터의 엔진소리가 들린다. 눈이 가려진 채 어딘가로 실려 가고 있는 이 상태는, 앗, 인생에서 종종 맞닥뜨리는 암흑, 두렵고 막막한 밀실이다. 그러나 나는 불쑥 가슴이 저릿해졌다. 그의 넓적한 등에 눈을 파묻고, 그의 땀 냄새를 맡으며, 오로지 그가 가는 대로 나의 모든 여정과 안전을 내맡기고 있는데도 전혀 불안하지 않았다.

'아, 이렇게 평생 살아도 될까.'

내가 이런 생각을 하게 될 줄은 상상도 못했다. 그러나 나는 고백했다.

"이렇게 평생 살아도 될까요?"

말 안 통하는 시티맨도 그 말만큼은 단번에 알아들었다.

"그럼! 나랑 결혼하면 평생 내 품에서 눈 감고 살아도 되는 겨!"

쾅시폭포는 유명 관광지답게 기념품 가게와 식당들이 즐비하다. 입구에서부터 디스코음악이 빗속을 쿵쾅거린다. 비가 그칠 때까지 우리는 죽순으로 끓인 따뜻한 수프 한 그릇을 먹으며 기다렸다. 그리고 마침내 쾅시폭포에 올라갔을 땐 진흙범벅이 된 산책로와 갑자기 불어난 물 때문에 끊어진 다리, 꼭대기까지 오르지 못하고 돌아오는 몇 명의 관광개들만 볼 수 있을 뿐이었다. 뜨겁고 억센 팔이 나를 단단히 붙잡았다. 나는 그 팔에 의지하여 가파르고 미끄러운 계곡을 끝까지 올랐다. 빗물로 불어난 쾅시폭포는 평소보다 몇 배의 엄청난 물보라를 뿌리고 우레 같은 소리를 치며 콸콸 쏟아지고 있었다.

돌아오는 길에는 언제 비가 왔냐는 듯 햇빛이 반짝거렸다. 그 길에서 비틀스처럼 유유히 길을 건너는 거위 가족을 만났다. 그리고 드디어 마지막 고개 하나만 넘으면 다시 루앙프라방이다.

"앗! 저건!"

여행자에게는 종종 이런 멋진 일이 생긴다. 아무런 마음의 준비도 없었을 때 선물처럼 다가온 기막힌 경치! 스쿠터가 오르는 가파른 고개 끝에 루앙프라방 도시 전체가 통째 걸려있었다. 구름과 산의 능선들, 그리고 메콩 강이 한 줄기로 루앙프라방을 감싸며 흐른다.

"미노야, 사진 잘 나와? 내가 좀더 잘 보이게 들어 올려 줄까?"

시티맨이 드디어 그 지긋지긋한 깡촌의 무언가에 대해 감탄하고 있다. 작은 헬멧에 겨우 들어가 있는 시티맨의 터질 듯 커다란 얼굴이 흐뭇하게 루앙프라방을 내려다본다.

"시티맨, 좋지?"

"뭐, 좀. 미노가 좋다면야."

스쿠터 덕분에 시티맨에게도 바람이 불기 시작했다. 여행자의 가슴에만 부는 여행의 바람.

루앙프라방

시간의

비밀

루앙프라방 거리에는 시간과 공간을 뛰어넘는
온갖 다양한 탈것들이 지나간다.
박물관에나 있는 40~50년대 자동차들,
제2차 세계대전 독일군의 상징인
좌석을 옆에 달고 다니는 오토바이, 앞바퀴만
커다란 자전거 등등. 무엇을 타고
다니든지 그곳에선 아무런 상관이 없다.
아무도 신경 쓰지 않는다. 여기는
타인의 시간과 상관없이 자기만의 시간으로
살아가면 되는 곳, 루앙프라방이다.

"뭐야! 이거 무슨 소리야!"

자다 말고 놀라서 벌떡 일어났다. 천둥 치는 소리도 아니고, 땅이 흔들리지 않는 걸 보니 지진 나는 소리도 아니고, 이 밤에 건물을 폭파하거나 공사를 할 리도 없고, 대체 산천을 뒤흔드는 이 소리의 정체는 무얼까.

"쿠루쿠루룽 드륵드르륵 쾅쾅쾅쾅"

굳이 표현하자면 이런 것이었는데, 도저히 소리의 진원을 유추할 아무런 단서도 떠오르지 않는다.

"에잇! 참 희한한 깡촌이야."

시티맨은 다시 벌렁 드러누웠다. 저녁나절에는 또 다른 무시무시한 소리가 들려왔는데, 다름 아닌 강 저편에서 들려오는 가라오케 소리였다. 라오스 사람들의 음주가무에 대한 열정은 한국인들보다 몇 술은 더 뜬다. 음정도 박자도 무시한 취객들의 고래고래 노랫소리는 우리를 미치게 했다.

겨우 잠이 든 새벽녘, 또 다른 공포의 소리가 우리를 괴롭힌다.

"꼬끼오! 꼬꼬꼬꼬~."

"에잇! 몇 시야? 세 시 밖에 안 됐잖아!"

라오스 닭들도 가무를 좋아하는 이 나라 국민성에 동화된 게 틀림없다. 한밤부터 새벽이 밝아오는 내내 삼십 분 간격으로 울어댄다. 라오스는 조용하다. 밤 열한 시 통금이 시작되면 주민들은 모두 불을 끄고 깊은 잠에 빠진다. 아마도 이 무시무시한 공포의 소리들은 '시티'에서 온 우리 같은 사람들에게만 들리나 보다.

다음 날 아침, 우리는 게스트하우스 스태프 '까오'에게서 천둥소리보다 시끄러웠던 '쿠루루룽 쾅쾅쾅'의 비밀을 듣게 되었다.

"그거? 강 저편 대나무 다리에서 들리는 소리일 거야."

이런 넓은 강에 대나무를 엮어서 다리를 이어 놓다니, 정말 놀랍다. 오토바이 한 대가 대나무다리를 지날 때마다 대나무들이 도로록 구르는 소리가 산천의 공명을 타면 '쿠루루룽 드드드륵 쾅쾅쾅쾅'이 되는 것이다.

루앙프라방의 속도

지구에서 가장 시간이 천천히 흐른다는 루앙프라방. 누구라도 여기 오면 시간의 속도를 잊게 된다는데. 대체 그 비밀은 뭘까. 일단 나는 노트북을 켤 때마다 그 속도의 신비를 느낀다. 이젠 루앙프라방에도 어디에나 와이파이가 있지만 속도만큼은 루앙프라방의 시간처럼 느리기 그지없다.

"대체 여기 인터넷은 왜 이래?"

시티맨의 성격 중 나는 도저히 따라갈 수 없는 훌륭한 점이 하나 있는데, 기계 앞에선 한없이 겸손하다는 것이다. 그는 스스로 인정컨대 아직도 지구에 잔류하는 몇 안 되는 '컴맹족'이다. 그러나 현대 문명을 사랑하는 만큼 낯선 기계를 함부로 만지지 않는다. 그래서 노트북을 쓰다가 알림이나 경고라도 뜨면 그 급한 성질을 누르고 처음부터 끝까지 토시 하나 안 빼고 다 읽어보고서야 '클릭'을 하는 신중함을 발휘한다. 그러니 평소에도 웬만한 시간과 노력을 들이지 않고서는 메일 한 통 보내기 힘든 시티맨에게 인터넷 속도까지 인내심을 시험해대니 미칠 노릇이다.

"한국처럼 빠른 인터넷은 전 세계 어디에도 없어요. 게다가 루앙프라방이잖아."

그러나 땀을 뻘뻘 흘리며 겨우 쓴 메일을 보내려는 순간 정전이 되어버리면, 시티맨의 인내심은 바닥을 드러내고 난다.

"에잇! '아이' 불러! 전기기사가 뭘 하는 거야?"

다음 날, 아침에는 전기기사, 저녁에는 경찰이라는 시티맨의 술친구, '아이'가 붙잡혀 온다. 죄도 없는 아이는 괜히 들들 볶인다.

"너 어제 놀았지? 전기가 왜 이 모양이야? 내 메일이 날아갔단 말야! 책임져!"

사람 좋은 아이는 허허 웃기만 한다.

한밤의 라오 위스키 클럽 멤버들 중에는 리버사이드 게스트하우스의 스태프인 '까오'가 있다. 까오는 스물다섯 살이고 라오스 북부에 조그만 촌락을 꾸리고 살아가는 '타이 부족' 출신이다. 그의 말에 따르면, '타이 부족'이 지금은 인구의 절대다수를 차지하고 있는 '라오 부족' 속에 섞여 살아가지만, 옛날에는 라오스에서 스님 다음으로 높은 신분이었다고 한다. 타이인과 라오인은 문화도 언어도 생김새도 조금씩 다르다. 물론 나에게는 전혀 구분이 안 간다.

까오는 칠남매나 되는 대가족 중에서 유일하게 루앙프라방까지 유학 온, 타이 부족 마을에서도 이웃의 기대를 한 몸에 받고 있는 소문난 '인재'다. 아침에는 영어학원에 다니고 오후에는 게스트하우스 스태프로 일하면서 받는 월급 6만 원을 쪼개어 부모님께 생활비도 보내고 자신의 학비도 마련하고 7년된 여자 친구와 연애도 한다. 그의 꿈은 언젠가 여행가이드 면허증을 따서 행복한 가정을 꾸리는 것이다. 마침 우리가 있을 때 까오의 여자친구가 2년 만에 루앙프라방까지 까오를 찾아왔다. 그녀는 라오스 남부에 있는 수도 비엔티안 출신이다. 비엔티안에서 루앙프라방까지는 버스로 열 시간이 넘는 장거리인데다 왕복 버스비는 까오 월급의 절반을 넘는다. 두 사람이 사귄 지는 벌써 칠 년이 넘었지만, 얼굴은 이 년 전에 딱 한 번 봤을 뿐이라고 한다.

"그럼 얼굴도 모르고 사귀기 시작한 거야?"

"7년 전 어느 날 전화를 잘못 걸었는데 전화 받는 여자 목소리가 너무 예쁜 거야. 그래서 다음날 그 번호로 또 전화 걸고, 그 다음 날 또 전화 걸고 하니까 그녀도 내가 마음에 들었나봐."

세상에! 목소리만 듣고 사랑에 빠질 수 있다니. 이건 아날로그 시대에나 가능한 이야기이다. 핸드폰은커녕 삐삐도 없던 시절이, 밤새워 쓴 연애편지 한 통 보내고 며칠을 끙끙 앓으며 답장을 기다리던 시절이, 그 사람의 전화를 기다리느라 부모님이 계신 안방을 서성거리던 그 까마득한 시절이 나에게도 있었다. 그 땐 그 사람이 쓴 글씨 한 획, 그 사람이 들려준 목소리 한 음절이 소중했다. 그 시절 사랑은 곧 '기다림'이었다. 마음을 확인하고 약속을 주고받고 얼굴 한 번 보기까지는 수없이 많은 밤을 기다려야 했다.

5년 동안 하루도 빠짐없이 매일 전화만 하다가 2008년 여름에 드디어 버스비를 마련한 까오는 비엔티안까지 찾아가서 그녀를 만났고, 그녀의 가족에게 인정받는 공식적인 사윗감이 되었다. 그리고 이번이 두 번째 만남이다.

여자 친구가 와 있던 2박 3일 내내 까오는 잠시라도 그녀가 보이지 않으면 안절부절 못했다. 혹시 어떤 놈이 예쁜 그녀를 꼬여내면 어떡하냐며, 시티맨을 붙잡고 하소연이다. 그러다 그녀가 나타나면 언제 그랬냐는 듯 헤헤거리며 밥을 해 먹이느라 분주하다. 새침한 도시 처녀인 그녀는 우리에게 여자 친구를 자랑하고 싶은 까오가 아무리 불러내도 꿈쩍도 하지 않는다. 그러나 2년만의 재회가 끝나고 돌아가던 날, 그녀는 갑자기 복통과 구토를 일으켜 버스를 타지 못할 뻔 했다. 표현은 다 못하지만 그리움이 체하여 병이 되기도 하는 사람들. 루앙프라방의 연인들은 아직도 그렇게 사랑을 한다.

루앙프라방에는 이곳에서 노년을 보내는 서양인들이 꽤 많다. 조마베이커리에 앉아있으면 매일 아침 열한시에 조마에서 일하는 아가씨 한 명에게 손을 흔드는 할아버지가 있다. 그의 얼굴에는 그녀와 눈빛 한 번 나누는 것만으로 행복해 죽겠다는, 노년의 장난기가 가득 번져 있다. 그녀에게 화답을 받으면 그는 만면에 미소를 가득 채우고 '룰루랄라' 뒷짐을 지고 사라진다.

하루에 한 번씩 골프차를 몰고 와서 식빵을 사 가는 배불뚝이 할아버지도 있다. 겨우 식빵 하나를 사기 위해 저렇게 느린 차를 몰고 먼 길을 나서다니 참 대단하다. 그러고보니 루앙프라방 거리에는 시간과 공간을 뛰어넘는 온갖 다양한 탈것들이 지나간다. 박물관에나 있는 40~50년대 자동차들, 제2차 세계대전 독일군의 상징인 좌석을 옆에 달고 다니는 오토바이, 앞바퀴만 커다란 자전거 등등. 무엇을 타고 다니든지 그곳에선 아무런 상관이 없다. 아무도 신경 쓰지 않는다. 여기는 타인의 시간과 상관없이 자기만의 시간으로 살아가면 되는 곳, 루앙프라방이다.

메콩강변의 눈에 띄는 커다란 나무 옆에 그곳에서 단 하나뿐인 한국식당 '빅 트리 레스토랑'이 있다. 프랑스인 남자와 한국인 여자가 라오스에서 결혼하여 식당을 연 것이다. 그들에겐 라오스어와 한국어와 프랑스어를 한꺼번에 구사하는 세 살짜리 귀여운 아들이 있고 뱃속에 둘째를 임신 중이다. 그러나 그들은 그 외에도 수많은 아이들에게 둘러싸여 있다.

"옆집 애들이 워낙 많아서, 제대로 돌봐주질 못하는 것 같아서요."

루앙프라방의 사람들은 억센 팔과 바람의 힘으로
신비한 속도를 만들어낸다.
일 년에 단 하루 보트레이싱 축제가 열리는 날, 그들의 조용한 시간이 거친 강 물살을 가르며 질주한다.

보트레이싱 축제 날, 조용한 칸 강변에 오랜만에 인파가 밀려들었다.

축제가 끝나고 시티맨의 술친구 '아이'의 경찰 동료들이 모여 거나한 뒤풀이 파티를 벌였다.

초대 받은 시티맨은 통 크게 맥주 한 박스를 쐈다.

늘 옆집 아이들까지 내 아이처럼 끼고 사는 그들. 타인과 나의 경계가 이렇게 아무렇지 않게 무너질 수 있을까. 이런 게 바로 루앙프라방의 삶인 걸까.

루앙프라방, 보트를 타고 질주하다

뭔가 다른 날이다. 외국인들만 어슬렁거리던 시사방봉 거리, 메콩 강변과 칸 강변까지 라오스인들이 모조리 점령했다. 오늘은 일 년 중에 루앙프라방이 가장 소란스러워지는, '루앙프라방 보트레이싱 페스티벌'이 열리는 날이다. 그리고 '본 화 카오 파웁 딘(Bon Haw Khao Padup Din)'이라는 라오스 최대의 명절이기도 하다. 라오스인들은 아침 일찍 곱게 차려입고 사원에 가서 조상들의 영혼이 지옥의 평야에서 해방되길 기원하는 기도를 드린 다음 온 가족을 이끌고 거리로 나온다. 루앙프라방 곳곳에 천막이 세워지고 먹거리, 놀거리, 살거리들이 넘쳐난다. 특히 보트경기가 펼쳐지는 칸 강변은 루앙프라방에서 가장 많은 사람이 몰린다. 우리의 리버사이드 게스트하우스는 바로 그 칸 강변에 있었고, 이른 아침부터 시작된 소란을 피해갈 수 없었다.

며칠 전부터 보트레이싱 열혈 팬인 '아이' 덕분에 우리는 오늘이 얼마나 중요한 날인지 알고 있었다. 레이싱 참가 팀들은 모두 라오스 북부의 각 마을을 대표해서 출전한 팀들이다. 아이의 마을도 레이싱 팀을 출전시켰다. 아이는 전날부터 팀 유니폼인 빨간 티셔츠를 입고 선수들이 맹연습 중인 칸 강변을 서성이며 고래고래 소리를 질러대고 있었다. 길쭉한 보트에 총 4~50명의 선수가 두 명씩 짝을 맞춰 일렬로 탄다. 보트 양 끝에는 선수 한 명씩 방향잡이를 하고, 가운데 선수 수십 명이 일사불란하게 노를 젓는다.

그 열정을 보면 올림픽 보트 경기에서 왜 한 번도 라오스 팀을 발견하지 못했는지 의아할 정도이다. 라오스 뿐 아니라 메콩 강 지역의 캄보디아에서도 보트 연습에 열을 올리고 있는 모습은 쉽게 발견할 수 있다. 방향잡이 선수의 구령에 맞춰 팔뚝 근육이 터지도록 온 힘을 다해 수십 명이 엄청난 속도로 노를 저어가는 모습을 보면 보는 사람도 절로 이가 앙 다물어진다. 라오스인들이 이토록 격정적이었나. 자신들의 마을 팀이 지나갈 때마다 흥분한 응원단들의 열기도 대단하다.

경기는 오후 한 시에 시작될 예정이었지만 칸 강변은 아침 일찍부터 구경꾼이 들어차기 시작했다. 명당자리는 칸 강변에 의자와 테이블을 내놓은 레스토랑들이었는데, 우리는 리버사이드 게스트하우스에서 운영하는 강변레스토랑의 가장 전망 좋은 자리를 잡고 점심식사를 주문한 뒤 여유 있게 보트 경기를 즐길 작정이었다. 그 때였다. 아침부터 정신없는 이곳 스태프 '말리'가 우리를 불렀다.

"이제 자리를 비워주세요. 곧 예약손님이 올 거니까요."

그녀의 말이, 루앙프라방 최고의 축제를 즐기기 위해 라오스의 부자들은 몇 달 전부터 명당자리를 예약해 놓으며, 보트 경기 출발선부터 결승선까지 약 500미터에 이르는 칸 강변의 모든 야외테이블은 몇 달 전부터 이미 예약이 끝난다는 것이다. 얼떨결에 자리를 빼앗기고 관람 포인트를 물색해 보았지만 이미 칸 강변에는 빈공간이 조금도 남아있지 않았다.

루앙프라방은 이미 오래 전에 외국 관광객들의 도시가 되었다. 그러나 일 년에 단 하루 보트경기가 열리는 이 날만큼은 라오스인의 품으로 되돌아온다. 라오스인들은 루앙프라방에 가득 들어찬 수많은 호텔과 레스토랑을 관광객들로부터 되찾아 모조리 점령한다. 이 날 하루를 위해 투자된 루앙프라방시 예산만 해도 3억 8천 만 킵(우리 돈으로 약 5천7백만 원)이다. 라오스인들이 외국 관광객들보다 더 많은 돈을 쓰는 이 날이야말로 외국인들이 찬밥 되는 날이다. 이 날 만큼은 세계에서 가장 천천히 흐른다는 그곳 루앙프라방의 시간도 보트를 타고 질주한다. 우리는 겨우 구석자리 하나를 차지했다.

'아이'의 팀은 예선에서 탈락했다. 우승컵은 3년 전부터 연승 행진을 해오는 '하드히엔 마을'이 차지했다. 아이는 자신이 진짜 경찰이란 걸 보여주겠다며 뒤풀이 파티가 벌어지고 있는 자신의 집으로 우리를 초대했다.

"인사해! 여기 우리 형님들!"

아이의 집 마당엔 아이의 경찰 동료라고 하는 '역시 사복 차림'의 아저씨들이 아이가 제조한 라오위스키에 거나하게 취해 앉아있었다. 척 봐도 거기엔 한창 '남자들만의 세계'가 무르익고 있었다. 나는 인사만 하고 게스트하우스로 돌아왔고, 시티맨은 그 자리에 붙들려 있다가 밤늦게 돌아왔다. 그의 증언에 의하면 아이가 경찰이 맞긴 맞는가 보았다. 술자리가 파하자 경찰 형님들은 시티맨을 어딘가 끌고 갔는데, 말하자면 한국 아저씨들도 술자리 절차상 반드시 가게 되는 '술과 여자가 있는 집'이었다는 것이다.

"나는 그냥 간다고 도망쳐왔지. 길거리고 술집이고 큰소리 뻥뻥 쳐대는 걸 보니 그 사람들 다 경찰 맞겠더라고."

그래도 아이는 그 중 제일 착하고 순진한 경찰이라서 시티맨과 함께 돌아왔다고 한다. 그날 루앙프라방은 통금시간을 넘기며 새벽이 올 때까지 집집마다 쿵쾅쿵쾅 디스코 음악을 울려대며 시끄러운 축제가 계속되었다.

라오스에서
결혼하기

까오의 아버지가 우리에게 왼손에는 닭다리, 오른손에는 라오 위스키 한 잔씩을 들려주었다.
그리고 두 사람의 팔을 엮어 '러브샷'을 시킨다. 까오가 외쳤다.
"이건 두 사람만을 위한 특별한 닭이야! 이걸 다 먹어야 평생 밥 안 굶고 행복하게 살 수 있어!"

2박 3일을 함께 보내고 여자 친구가 돌아간 날 밤, 풀죽은 까오를 위로하기 위해 시티맨이 맥주를 샀다. 나를 찾아 라오스까지 날아온 시티맨은 여자 친구를 멀리 보낸 까오에게 진한 동지애를 느꼈고, 까오 역시 시티맨을 '브라더'라고 부르며 좋아했다. 취기가 오른 까오는 자신의 손목에 감겨있는 하얀 실뭉치를 보여주었다. 어제 그는 여자 친구와 함께 부모님을 찾아가서 타이 부족 전통 언약식을 했다고 한다. 갑자기 까오의 눈이 '반짝' 빛나더니 시티맨의 무릎을 쳤다.

"그래! 브라더! 내가 브라더 결혼시켜줄게요!"

엥? 이게 무슨 말인가.

"두 사람 우리 부족마을에 가요! 닭도 잡고 마을 사람들 모두 모아서 타이 부족 전통결혼식을 치러줄게요!"

스쿠터 소풍 다음 날, 시티맨은 어울리지 않게 수줍어하며 반지 하나를 내 손에 끼워주었다. 시티맨은 여기서 최고로 럭셔리한 가게에서 직접 골라왔다고 자랑했지만, 안타깝게도 반지는 내 손가락에 비해 턱없이 커서 헐렁거렸다. 나는 달콤한 혼란과 막연한 불안에 휩싸였다. 한 달이 넘도록 장기체류를 하면서도 루앙프라방의 신비한 속도에 동화되지 않는 이는 시티맨밖에 없을 것이다. 그의 시간은 그만의 고집과 자신감으로 칸 강의 보트레이싱처럼 질주하고, 나는 그 속도에 말려들었다. 그는 '행동'했고, 나는 그 기세에 눌렸다. '콩깍지 시절의 쓰나미에 평생을 맡기지 말라'는 그 수많은 경험자들의 경고에도 불구하고, 나는 이미 시티맨의 보트에 올라탔다. 그가 그토록 원하는 거라면, 결혼이란 거 해줄 수도 있는 것 아닐까. 그러고 보면 그 평생이란 것도 이제 둘 다에게 고작 40년 쯤 남았을 뿐이다. 나는 어느새 라오스인들의 '긍정'을 배웠나 보다. 그래, 뭐, 서른여섯에 결혼 경력 하나쯤 갖는 것도 나쁘진 않을 것이다.

까오의 4단 기어 오토바이가 저만치서 바람을 가르며 쌩쌩 달리고 있다. 그 뒤를 시티맨의 커다란 덩치에 절대 어울리지 않는 우리의 조그만 스쿠터가 끙끙거리며 따라가고 있다. 어젯밤 까오는 루앙프라방에서 타이 부족 마을까지 오토바이로 한 시간 남짓 걸린다고 했고, 우리는 소풍 가듯 가벼운 마음으로 다시 스쿠터를 한 대 빌렸다.

하지만 기어도 없는 스쿠터에게 결코 만만한 길이 아니었다. 그 길은 스쿠터 위에서 엉덩이에 피멍이 들도록 엉덩방아를 찧으며 가야 하는, 그것도 울창하고 깊은 산 속으로 십여 개의 고개를 타넘어야 하는, 진흙탕과 자갈밭이 울퉁불퉁 끝도 없이 이어지는 백 퍼센트 내추럴 비포장 산길이었다.

게다가 시티맨은 왼쪽 가슴에 조마베이커리에서 산 커다란 케이크 상자를 안고 있었다. 며칠 전부터 까오의 가족에게 뭔가 특별한 선물을 하고 싶었던 우리는 '케이크'를 생각해냈다. "루앙프라방에서도 잘 못 구하는 건데, 거기서는 구경도 못할 거야, 그치?"라며, 우리는 케이크를 받고 기뻐할 타이 부족을 상상하며 흐뭇해했었다.

그러나 가볍게 생각했던 소풍이 이런 엄청난 모험이 될 줄은 상상도 못했다. 한시간 반을 달리고도 여전히 까오의 촌락은 보이지 않았고, 우리 둘 다 아픈 엉덩이보다 꽤 비싼 돈을 들여 힘들게 구한 케이크에 대한 걱정이 태산이었다. 그 때 뒤에서 갑자기 흙먼지와 함께 커다란 트럭이 달려오는 소리가 났다. 우리의 스쿠터는 결국 왼쪽으로 벌러덩 넘어졌다. 케이크 상자는 슬프게도 너무나 처참하게 찌그러져 버렸다.

세 시간을 달려 마을에 거의 다다랐을 무렵, 스쿠터의 타이어마저 펑크가 났다. 우리는 찌그러진 케이크 상자를 껴안고 펑크 난 스쿠터를 끌면서 패잔병의 몰골로 타이 촌락에 입성했다.

"저기, 까오, 이거 선물하려고 산 케이크인데 찌그러져서 정말 미안해."

"노 프라블럼!"이라고 까오가 외쳤다. 그리고 그건 정말 '노 프라블럼'이었다. 왜냐면 선물을 받아든 까오의 가족뿐 아니라 우리를 구경나온 그 마을 사람들 모두 찌그러졌건 멀쩡하건 케이크 상자 따위에는 아무 관심도 없었다. 까오의 말이, 이 마을이 생긴 후 외국인이 오기는 처음이란다. 갓난아기부터 할아버지까지 생전 처음 보는 외국인을 구경하느라 난리가 났다. 다행이다. 그 고생을 하면서 케이크를 끝까지 완벽하게 사수해냈더라면 아마도 우리의 섭섭함이 이만저만이 아니었을 것이다.

"세상에, 이 닭다리 좀 봐! 이런 곳에 케이크를 갖고 왔으니……."

타이 촌락에 '케이크'가 없는 이유가 있었던 것이다. 그곳에 양보다 질을 따지는, 맛이나 모양을 따지는 음식문화 같은 건 존재할 수 없다. 우리를 위해 특별히 잡았다고 하는 '닭'은 말 그대로 그냥 '닭'인 상태로 상 위에 올라와 있었다. 시티맨의 표현을 빌리면 "이토록 '그냥 삶아진 닭'은 처음"이다. 대나무를 엮어 만든 까오 가족의 집 역시 말 그대로 '그냥 집'이었다. 집 안에는 네다섯 명 정도가 누울 수 있는 평상 하나와 아궁이 하나만 있을 뿐 아무것도 없었다. 이 마을 대부분의 집들이 다 그렇다. 사람들은 공동 수돗가에서 함께 몸을 씻는다. 그리고 화장실은 까오 말대로 "에브리웨어(아무데나)"이다. 사람들의 눈을 피해 수풀 속에서 눈치껏 해결하면 된다.

"우리가 알았나, 뭐. 지구상에 아직 이런 깡촌이 있을 줄은 상상도 못했지. 이런 건 다큐멘터리에나 나오는 거라고."

오토매틱 디스코 브릿지

"앗! 인민군이닷!"

루앙프라방 시내에서도 인민군복을 입은 사람들을 종종 보았지만 이런 시골마을에서 보는 건 뭔가 다르다. 그들은 단지 원두막에 모여 앉아있을 뿐이었는데도 마을을 '실질적으로' 지배하고 있는 듯 느껴졌고, 뭔가 모르게 통제적인 분위기가 물씬 났다. 루앙프라방을 출발하기 전에 까오가 경찰서부터 들러야 한다고 말했던 게 생각났다. 한두 시간 거리의 고향에 다녀오는 것도 일일이 경찰서에 가서 신고를 하고 서류를 만들어야 한다고 했다. 그러고 보니 라오스는 아직 우리에게는 낯선 공산국가이다.

까오의 가족이 우리의 결혼식을 준비하는 동안, 까오는 마을을 구경시켜주겠다고 고향 친구들과 함께 우리를 데리고 나섰다. 세계사에 잘 알려지진 않았지만 베트남전이 한창이던 60~70년대 라오스 북부도 그 전쟁에 휘말려 작은 촌락들이 모두 폭격에 시달렸다. 까오의 타이 부족 마을도 예외가 아니어서 당시 사람들은 폭격을 피해 깊숙한 숲속 동굴에 숨어 살았고, 전쟁 후에 라오스 정부는 그런 동굴들을 찾아내어 역사 유적지로 보호하고 있다고 한다.

동굴을 찾아가는 길에 진짜 총을 멘 사냥꾼이 지나갔다. 곧이어 물고기를 잡아오는

카메라를 작동시킬 수 있는 사람이
나 밖에 없는 탓에,
신부인 나만 빼고 결혼식 하객들과 신랑은 결혼식 단체사진을 찍었다.

위는 오토매틱 디스코 브릿지
왼쪽은 라오스 전통 결혼식 상 위의 '파콴'.
가운데는 '바씨'의식. 3일 동안 이 실이 풀리지 않아야 평생 행복할 수 있다.
오른쪽 아래 타이 부족 아이들. 우리를 보고 무척 신기해한다.

아이들이 보였다. 우리를 보고 신기해서 난리가 났다. 그곳 사람들은 말로만 듣던 '사냥과 수렵과 채집'이 무엇인지 생활로 보여준다.

조금 지나니 채석장에서 맨 손으로 돌을 캐는 남자들이 보였다. 이 지역 이름이 '파비엥(Pavieng)'인데, '돌을 캐는 마을'이란 뜻이다. 지구과학을 전공하고 지금은 건설업에 종사하는 남다른 돌 전문가, 시티맨이 채석장을 둘러보더니 혀를 끌끌 찬다. 망치하나만 들고 캐내고 있는 돌은 돌중에서도 단단한 석영이라 채석하기도 어렵고 값도 비싸서 우리나라에서는 조경석으로만 쓰인다고 했다.

"저걸 맨 손으로 캐다니, 역시 라오스야."

까오가 자랑한 까오네 마을의 유명한 역사유적지는 실망스럽게도 그냥 지나쳐서는 절대 알아볼 수 없을 만큼 그냥 풀숲에 버려진 동굴이었다.

"여기 찾아오는 사람 있어?"

"그럼, 휴가철엔 이거 보러 많이 와."

하지만 여기까지 이걸 보러온 외국인은 아마 우리밖에 없을 것이다. 까오가 아무런 안전장치도 없이 위험해 보이는 동굴로 들어가 보자고 한다. 시티맨은 귀찮아 죽겠다는 표정이었으나 나는 억지로 밀어 넣었다.

"동굴 안에 뭐 또 있었어?"

"몰라. 저 녀석 지금 자기가 관광가이드인 줄 알고 신났어."

그리고 보니 까오의 눈빛이 예사롭지 않다. 그는 자신의 마을에 처음으로 외국 관광객을 데리고 입성한 것에 대해 자부심이 흘러넘치고 있었다. 동굴에서 내려오자 까오가 다음 관광코스를 외쳤다.

"우리 마을에서 제일 유명한 피크닉 장소로 데려갈게!"

그 피크닉 장소란 곳이, 그냥 '댐'이다. 우리가 멍하게 흐르는 물을 들여다보고 있는 사이 까오와 그의 친구들은 신이 나서 물가를 첨벙거린다. 하기야, 마을의 작은 우물밖에 씻을 곳이 마땅치 않은 이런 곳에서 이만큼 철철 넘쳐흐르는 물이 있다는 게 어딘가.

"미노야, 배고파."

시티맨은 벌써 까오의 '가이드 놀이'에 지쳐가고 있었다. 벌써 오후 2시. 우리는 아침 일찍 먹은 국수 한 그릇 외에 아무것도 먹지 못하고 있었다.

"속았어, 속았어. 결혼시켜준다더니, 우리 결혼보다 가이드 하는데 더 신났잖아!"

그러나 가이드의 사명감에 불타 오른 까오는 다시 오토바이를 자꾸만 마을 반대편으로 몰고 갔다. 마침내 도착한 곳에는 발이 푹푹 빠질 만큼 키가 높이 자란 풀숲이 까마득한 산 능선을 향해 끝없이 펼쳐져 있었다.

"저 산을 넘으면 중국이야."

"뭐라고?"

우리는 아무런 마음의 준비도 없이 어느 새 중국 국경선까지 와버린 것이다. 오토바이를 세워두고 까오를 따라 풀숲으로 들어섰다. 이 무슨 밀림 탐험이나 부시맨 체험도 아니고, 우린 결혼시켜주겠다고 해서 왔을 뿐인데, 반바지에 맨발이었던 우리는 둘 다 온 다리를 날카로운 풀과 가시에 베이며 여기저기 진흙까지 묻혀가면서 거지 몰골이 되어가고 있었다. 그러나 날쌘 까오는 벌써 저만치 신나게 가고 있다.

"어서 와! 재미있는 거 보여줄게."

이젠 기대도 안된다. 또, 뭐, 그냥 그런 거겠지. 근데 이번엔 먼저 도착한 시티맨도 신이 나서 날 불러댄다. 드디어 뭔가 나타난 건가.

"이게 바로 '오토매틱 디스코 브릿지'라는 거야."

까오의 말에 나는 큰소리로 웃어버렸다. 거기에는 폭 80센티미터, 길이 30미터의 대나무살로 엮어 만든 다리가 있었는데, 툭 건들기만 해도 춤을 추듯 요란하게 요동치는 모양이 정말로 '오토매틱 디스코 브릿지'다.

"아니, 다리(브릿지)가 아니라, 네가 오토매틱 디스코를 추게 될 거야."

시티맨의 입가에 악동의 미소가 번져있던 이유를 알겠다. 온몸의 뼈가 따로 노는 해골귀신처럼 생긴 대나무다리는 도저히 인간이 건널 수 있을 것 같지가 않았다. 난간을 붙잡고 가만히 서 있기만 해도 저렇게 흔들리는데, 건너는 순간엔 다리만 춤추는 게 아니라 다리를 건너가는 사람도 함께 '오토매틱으로' 디스코를 추게 되는 것이다. 그 아래는 물살이 너무 세서 한두 명 빠져 죽은 게 아니라는 계곡물이 사정없이 흐르고 있었다.

"준비! 뛰어!"

까오가 먼저 후다닥 다리를 뛰어갔다. 휘청거리긴 했지만 한두 번 건너본 솜씨가 아니다. 까오의 친구들도 건너가고, 시티맨도 사정없이 오토매틱 디스코를 추며 건너갔다. 그리고 나는 바이킹처럼 출렁거리는 그 무지막지한 대나무 다리에 딱정벌레처럼 붙어버렸다. 엉금엉금 기어가고 있는 몸으로도 디스코를 출 수 있다는 걸 처음 알았다. 나는 완전히 혼비백산했다. 나의 몸과 마음은 이제 도저히 결혼을 할 수 있는 상태가 아니다. 애초에 이미 온갖 찬란한 꿈으로 꽉 차있는 내 인생에 '결혼' 따위를 삽입한다는 게 문제였다. 36년간 혼자서도 잘 살았는데 말이다, 왜 갑자기 그놈의 결혼 같은 게 비집고 들어왔을까. 오토매틱 디스코 브릿지가 내 몸과 마음에 어떤 화학반응을 일으켜버렸는지 알 리 없는 시티맨은, 건너편에서 내 허우적거리는 몰골이 웃겨 죽겠다는 듯이 낄낄거리고 있었다.

라오스 닭과 라오 위스키는 유부녀를 만든다

까오의 조그만 대나무집에 마을의 남자들만 30여 명이 모였다. 이 마을에서 남자의 일은 사냥과 채집을 하면서 식구들의 하루 세끼 식량을 구해오는 것이고 여자의 일은 집 안에서 아이를 키우고 요리, 청소, 빨래를 하는 것이다. 그리고 자식이 할 일은 부모를 보살피고 가족을 위해 좀더 크고 좋은 집을 짓는 것이다. 모여 있는 마을 어른들마다 까오에게 하는 말이, "너도 어서 돈 벌어서 부모님께 큰 집 지어드려야지."라고 말하는 걸 보니 집을 짓는 일이 얼마나 중요한 지 알 것 같았다.

남자의 일 중에 또 하나 중요한 것은, 마을의 누군가 먼 길을 나서거나 결혼식, 장례식 같은 큰 일이 있을 때 자기 일처럼 함께 발 벗고 나서는 것이다. 우리의 결혼식을 위해서 모인 마을의 남자들은 모두 참외나 나물무침, 고깃국, 라오위스키 같은 걸 들고 왔다. 그것들이 까오 부모님이 잡은 '닭'과 함께 한상 가득 차려지고, 우리 앞에는 하얀 실뭉치를 주렁주렁 걸어놓은 꽃바구니가 놓였다. 타이 부족은 모든 사람의 몸 안에 32개의 '콴(수호신령)'을 지니고 있다고 믿는다. '파콴'이라고 부르는 이 꽃바구니는 바나나 잎과 꽃과 과일을 원뿔형으로 엮어 만든 것으로 콴의 자리를 의미한다.

까오의 아버지가 우리에게 왼손에는 닭다리, 오른손에는 라오 위스키 한잔씩을 들려주었다. 그리고 두 사람의 팔을 엮어 '러브샷'을 시킨다. 그 때 까오가 외쳤다. "이건 두 사람만을 위한 특별한 닭이야! 이걸 다 먹어야 평생 밥 안 굶고 행복하게 살 수 있어!" 시티맨과 나는 아무 양념도 없이 거무죽죽한 살만이 날로 붙어있는 닭다리 하나씩을 들고 멍하니 서로를 쳐다보았다. "어서 어서! 사람들이 얼마나 맛있게 먹는지 보고 싶어서 기다리고 있어!" 이 마을에서 닭다리는 아무나 먹을 수 있는 게 아니다. "쓰리! 투! 원! 먹어!" 눈을 질끈 감았다. 한 입을 베어 물고 얼른 꿀꺽 삼켰다. 눈을 뜨자 사람들이 신이 나서 박수를 치고 있고, 시티맨도 어색하게 웃으며 우걱우걱 닭다리를 씹고 있었다.

'마우폰'이라 불리는 마을의 큰 어른이 기도문을 읊조리기 시작하고 사람들이 모두 일어나서 한 사람씩 꽃바구니에 걸려있는 실을 풀어 우리의 팔목에 묶어주었다. 이것은 '바씨(Basii)'라고 하는 라오스 전통 의식이다. 손목에 감은 실의 매듭이 그 사람의 수호신령과 연결해주는데, 3일 동안 이 실이 풀리지 않아야 평생 행복할 수 있다고 한다. 모든 의식이 끝나고 라오위스키 잔이 돌아갔다. 운전해야 하는 시티맨 대신 나 혼자 얼큰하게 취했다. 나 지금 결혼한 건가? 그런가 보다…. 라오스 닭과 라오위스키는 오랜 독신녀를 순식간에 유부녀로 만든다. 서른 명이 돌아가며 권하는 그 독한 위스키를 모두 마시고 정신을 차려보니, 나는 어느새 '유부녀'가 되어 있었다.

그리고 카메라를 작동시킬 수 있는 사람이 나 밖에 없는 탓에, 신부인 나만 빼고 결혼식 하객들과 신랑은 결혼식 단체사진을 찍었다.

'까오 까 삐악'과

'아이 까오 껌'

"까 삐악은 까오가 만든 게 최고! 까오 껌은
아이네 까오 껌이 최고야!"
"까오 까 삐악! 아이 까오 껌!" 듣고 보니
두 음식의 맛만큼 입에 척척 달라붙는다.
우리는 루앙프라방 베스트 원의 영예를
'까오 까 삐악과 아이 까오 껌'에 헌사하기로 했다.

시티맨의 길은 일방통행로이다. 그의 모든 것은 일방통행로로 통한다. 이를 테면 그가 좋아하는 과일은 참 안 어울리게도 딸기이다. 그렇다면 그가 좋아하는 주스는? 딸기 주스. 좋아하는 아이스크림은? 딸기 아이스크림. 딸기쉐이크, 딸기잼, 딸기요구르트, 딸기우유, 딸기크림빵, 끝없는 딸기 땡땡땡의 놀라운 일관성에 누구나 무릎을 꿇게 된다. 그의 또 다른 일방통행로는 아침에는 반드시 '국물 있는 것'을 먹어야 한다는 거다. 루앙프라방에 와서 만족스런 밥을 못 먹은지 일주일째 시름시름 앓아가던 그가 발견한 것이 있었다. 고춧가루 팍팍 뿌려먹는 라오스식 쌀국수 '까 삐악'이었다.

운 좋게도 게스트하우스 가까이에 라오스인들이 한결같이 루앙프라방에서 가장 맛있다고 칭찬하는 까 삐악 집이 있었다. 시티맨도 이 동네의 까 삐악을 다 맛보았지만 이 집 만하지 못하다고 한다. 더욱이 이 집에서 발견한 별미가 있었는데 까 삐악에 말아먹는 '까오 껌'이었다. 라오스인들에게 일종의 뻥튀기 쌀과자인 까오 껌은 상비 식량이다. 밥상 위에도 올리고 장거리 버스를 탈 때나 소풍 갈 때도 챙겨간다. 그냥도 먹고 국물에 찍어도 먹고 초콜릿이나 잼, 꿀을 발라먹기도 한다. 그러나 까오 껌을 제대로 즐기는 법은 뭐니뭐니 해도 까 삐악에 말아먹는 것이다. 바싹바싹한 까오 껌을 국물에 말아먹으면 씹히는 맛이 일품일 뿐만 아니라 국수 한 그릇으로는 양이 안 차는 시티맨에게는 그야말로 '딱'이었다. 까오 껌 하나는 라면 하나 크기이다. 시티맨은 매일 아침 까 삐악 한 그릇에 까오 껌 두세 개를 말아먹어야 배를 두드리며 만족스런 트림을 내뱉었다. 그 때부터 시티맨에게는 '라면국물에는 밥을 말아 먹어야 제대로'라는 공식처럼 '까 삐악에는 까오 껌을 말아 먹어야 제대로'가 된 것이다.

마침 아이네 집이 바로 그 까오 껌을 만드는 집이라 시티맨은 아침마다 아이에게 가서 까오 껌 한 봉지를 샀다. 슈퍼에서 사면 열 개 들이 한 봉지에 만 킵이지만, 아이가 우리에게만 5천 킵이라는 초특가로 까오 껌을 내주었다. 루앙프라방을 떠난 후에 시티맨은 자주 풀죽은 얼굴로 까 삐악을 먹고 싶다고 노래를 불렀다. 그러다 가끔 까 삐악 집을 발견했지만 시티맨은 뚱한 얼굴로 한사코 까 삐악 먹기를 거부했다. "여긴 까오 껌이 없잖아." 그의 일방통행은 본능이다.

어느 날 시티맨이 다급하게 뭔가를 들고 방 안으로 달려 들어왔다.

"이거 먹어봐. 진짜 맛있어."

그 것은 까오가 자신의 저녁밥으로 먹다 남긴 까 삐약이었다.

"그걸 왜 시티맨이 들고 있어?"

"까오가 줬어. 흐흐흐. 까오 껌 말아먹어야지."

시티맨은 아래층 로비에서 까오가 저녁밥으로 까 삐약을 끓여먹고 있는 걸 발견했다. 국수집에서 흔히 보던 것과는 다르게 국물이 진해보이는 것이 냄새도 여간 구수한 게 아니더란다. 맛이 궁금해진 시티맨이 참다못해 한 숟가락을 얻어먹었다. 그런데 그 맛은, "캬! 최고최고! 국수집 까 삐약 저리가라야." 까오가 '후루룩 쩝쩝' 까 삐약을 먹고 있는 동안 시티맨은 눈을 떼지 못하고 까오가 먹는 모양을 침을 흘리며 보고 있었다. 마침내 신경이 쓰인 까오가 젓가락을 놓고 배불러서 다 못 먹겠는데 남은 거 먹겠느냐고 시티맨에게 물었다.

"설마, 하루 종일 뛰어다니는 까오가 국수 한 그릇을 다 못 먹을까. 그래서 가난한 친구 밥을 빼앗아 갖고 온 거야?"

"그럼 어떡해. 얼마나 먹고 싶었는데. 히히히."

시티맨은 이미 식어버린 채 반 그릇 쯤 남은 카 삐약에 아이에게 산 까오 껌을 말아 순식간에 먹어치웠다.

"아 맛있다. 그런데 금방 다 먹어버렸어."

시티맨은 양이 안 차는지 입을 쩝쩝 다시며 처량하게 빈 그릇을 들여다보았다.

"못 말려……."

루앙프라방에서 지낸 지도 40일이 다 되어가고 있었다. 원고는 여전히 제자리걸음이었고, 매일 똑같은 생활은 지겨워지기 시작했다. 라오스 비자도 얼마 남지 않아 다시 이민국에 가서 연장을 해야만 했다. 나는 이미 두 번이나 비자 연장을 했고, 시티맨은 한 번 비자 연장을 한 상태였다. 한국인은 누구나 라오스를 입국할 때 15일 무비자

정확히 아침 7시 40분에 루앙프라방에서 최고의 맛을 자랑하는 국수집이 문을 연다.
이 국수집은 점심시간이 되기도 전에
문을 닫아버리기 때문에 아침에 먹지 못하면 그 날은 '땡'이다.

를 받기 때문에, 2주 이상 체류하기 위해서는 비엔티안이나 루앙프라방의 이민국에 가서 하루에 2달러씩 계산되는 비자연장을 받아야 한다. 오래 머물수록 그만큼 체류비가 비싸진다. 우리는 비자 만료일을 일주일 남겨두고 루앙프라방을 떠나기로 했다. 그러나 일단 여기를 떠난다는 것밖에, 계획은 아무것도 없었다.

"잘 모르겠지만 시원섭섭하네."

"이제부턴 짐 쌀 일이 많아질지도 모르는데, 앞으로 갈 길이 무섭지는 않고요?"

"……."

절대 아니라고 큰소리칠 줄 알았더니, 시티맨은 거짓말은 하지 않는다. 대신 이렇게 얘기했다.

"한번 해보는 거지 뭐!"

우리의 마지막 스케줄은 까오에게 선물할 긴소매 셔츠를 사는 거였다. 9월 말의 루앙프라방은 서늘한 건기로 접어들고 있었고, 아직 반소매 옷으로도 충분한 날씨였지만 그곳 사람들은 벌써 긴소매 옷을 꺼내 입기 시작했다. 날씨가 좋은 10월부터 1월까지는 본격적인 관광 성수기로 도시 전체가 일 년 중 가장 바쁜 계절이다. 까오가 몇 벌 되지 않는 티셔츠를 번갈아 입는 걸 보아온 터라, 우리는 여자 친구와 데이트할 때도 입을 수 있는 폼나는 셔츠 한 벌을 선물하고 싶었다. 지난 번 뼈아픈 케이크 사건을 겪은 후에 우리는 똑같은 실수를 반복하지 않기 위해 꽤 신중하게 고민을 했었다.

"오늘 밤엔 매니저가 빨리 집에 가야 할 텐데."

"왜?"

"까오랑 작전을 짜둔 게 있거든."

시티맨은 뭐가 그리 신나는 지 헤헤거리고 있었다. 우리가 리버사이드 게스트하우스에 도착하자 까오가 지나가는 척하며 목소리를 낮추어 말했다. "매니저 곧 갈 거야. 20분 후에 내려와."

마침 우기의 마지막 폭우가 유난히 기세를 떨치고 있었다. 매니저의 차가 떠나는 소리가 들리자 시티맨이 카메라를 들고 내려오라고 재촉하며 먼저 1층으로 뛰어갔다.

까오의 선물을 챙겨 내려갔더니 까오와 시티맨은 건물 뒤편의 부엌에서 무언가를 열심히 만들고 있었다.

"까오가 '까오 표 특선 까 삐악'을 만들고 있어."

하하, 나는 그제야 사건의 전말을 알아챘다. 그 날 까오가 남겨준 반 그릇의 까 삐악이 두고두고 아쉬웠던 시티맨이 우리의 송별회를 빙자해 까오를 꼬드긴 것이다. 물론 매니서에게 들키면 까오는 큰일 난다. 리버사이드 게스트하우스의 부엌살림을 함부로 털어 손님(혹은 친구)에게 밥을 해 먹이는 거니까.

마침 딱 맞춰 아이가 까오 껌 봉지를 들고 나타났다. 입이 찢어진 시티맨은 '까오 표 특선 까 삐악'에 '아이 표 특선 까오 껌'을 퍽퍽 말아 먹으며 큰 소리로 외쳤다.

"까 삐악은 까오가 만든 게 최고! 까오 껌은 아이네 까오 껌이 최고야!"

한국말로 했는데 까오와 아이 둘 다 무슨 말인지 금방 알아들었다. 아이가 웃으며 말했다.

"까오 까 삐악! 아이 까오 껌!"

듣고 보니 두 음식의 맛만큼 입에 척척 달라붙는다. 우리는 루앙프라방 베스트 원의 영예를 '까오 까 삐악과 아이 까오 껌'에 헌사하기로 했다. 까오가 우리가 선물한 셔츠를 입고 입이 헤벌어지자, 미처 선물을 준비하지 못한 아이에게 시티맨이 황급히 백 원짜리 동전을 하나 선물했다. 그리고 그럴싸한 뜻도 갖다 붙인다. "여기 동전에 새겨진 이 분이 바로 한국 역사상 최고의 싸나이 중의 싸나이! 이순신 장군이야. 아이도 싸나이 중의 싸나이니까 내가 특별히 주는 거야."

아이는 백 원짜리를 이리저리 만져보면서 흐뭇하게 웃었다.

히피 해피 천국
방비엥

Here is Vang Vieng

방비엥까지 찾아오는 길은
그 누구에게도 쉽지 않았을 것이다.
전설 같은 배낭족들의 천국을
찾아 산 넘고 물 건너 머나 먼 지구의
오지에 상륙한 자유로운 영혼들이,
지금 방비엥의 방석집에 누워있다.

우리의 첫 번째 목적지는 '방비엥(Vang Vieng)'으로 정해졌다. 방비엥은 남부의 수도 비엔티안과 북부의 관광도시 루앙프라방 가운데 위치해 있다. 원래는 이름도 알려지지 않은 산골짜기 촌락에 불과했는데, 카르스트 지형이 만들어낸 환상적인 경치와 루앙프라방에 비해 턱없이 저렴한 물가에 반한 정통배낭족들이 모여들면서, 지금은 동남아를 대표하는 배낭족 장기체류지로 등극해버렸다. 참, 여기서 '정통배낭족'이라 함은, 지상에서 가상 사유로운 영혼이리 불리는 소위 '히피족'을 말한다.

"히피가 대체 뭐여?"

시티맨, 뭔지는 모르지만 '히피'란 단어가 맘에 들지 않는다.

"가 보면 알게 돼. 히피가 뭔지."

방비엥으로 떠나는 날 아침 시티맨이 말했다.

"이제부터 몸 쓰는 건 내가 다 할 테니까 머리 쓰는 건 미노가 해."

그 때 우리에겐 내가 들고 온 캐리어와 시티맨이 들고 온 60리터짜리 배낭이 하나씩 있었다. 시티맨은 내가 버려도 된다는 열 권이나 되는 책들을(나는 루앙프라방에만 눌러앉아있다 돌아갈 예정이었으므로 책을 잔뜩 싸들고 왔었다.) 굳이 꽉꽉 다 눌러 담으며 그 커다란 캐리어를 가득 채웠다. 들어보니 25킬로그램은 족히 나갈 듯하다. 그리고 내가 멜 배낭에는 부피만 크지 무게는 없는 것들로만 채워놓았다.

"헤이, 자유로운 배낭여행 전문가! 그거 들고 배낭여행 놀이 하세요."

이런 호사는 처음이라 적응이 안된다. 배낭여행이란 으레 10킬로그램은 나가는 커다란 배낭을 어깨에 턱 얹어야 제 맛인데 말이다. '결혼'이란 것, 나쁘지 않다. 그동안 뭐가 무서워서 이 편한 걸 마다했을까. 그러나 솔직히 말하면, 나는 아직 '결혼'이란 게 행복의 열쇠라고는 생각하지 않는다. 몸 쓰는 것만 다 맡겨버린다고 배낭여행이 편해지지 않는 것처럼.

시티맨은 인정하지 않겠지만, 나는 태어나서 처음으로 덩치가 나의 세 배인 여행 왕초보 남자를 업고 지구의 오지, 야생의 라오스로 떠나고 있다. 둘이서 하는 배낭여행은 혼자 하는 것보다 두 배로 힘들다. 하루 세끼 밥은 뭘 먹을지, 숙소는 어디를 잡고 버스는 어떤 종류로 탈지, 몇 시에 일어나고 몇 시에 잘지, 낮에는 무얼 하고 밤에는 무얼 할지, 오른쪽으로 갈지 왼쪽으로 갈지 하나부터 열까지 단 하나도 내 맘대로 할 수 있는 게 없기 때문이다. 둘이서 하는 여행은 취향의 균등한 분배가 가장 중요하다. 조금이라도 균형이 무너지면 한 사람의 행복이 무너진다. 그래서 올 땐 손잡고 와서, 갈 땐 손 흔들며 이별하는 여행커플들이 한 둘이 아니라는 거다. 솔직히 나는 두려웠다. 더욱이 이 남자는 여행에 대해선 아무것도 모르는 주제에 취향은 유별나고 고집은 똥고집이다.

아니나 다를까, 시작부터 나의 고생길이다. 방비엥에 도착하자마자 비가 내렸고, 조금이라도 빨리 숙소를 구하기 위해 시티맨은 가방을 지키고 나 혼자 계약에 없는 '몸을 쓰며' 뛰어다녔다. 숙소를 잡고 시티맨에게 돌아갔더니, 그는 아무 집이나 처마 밑에 비를 피하면 될 것을 굳이 빗속에 우두커니 서서 나를 기다리고 있었다.

멋진 카르스트 풍경이 커다란 창문에 담겨있는 '송 강(Nam Song)' 바로 앞의 방갈로. 시티맨은 나에게 손도 못 대게 하고 먼지 쌓인 방 안을 샅샅이 닦아낸다.

"몸 쓰는 건 다 맡기라니깐!"

빈 방갈로들을 뒤져 탁자와 의자를 구해오더니, 방안의 제일 전망 좋은 창가에 놓고 깨끗한 수건을 깔았다. 나 혼자 숙소를 구하러 보냈던 게 많이 미안했나 보다. 노트북을 켜고 앉으니 완벽한 작업실이다.

내가 원고를 쓰는 동안 시티맨은 동네 정복에 나섰다. 가끔 생과일주스나 바나나 팬케이크 같은 식량을 공급해주러 들어왔다가 다시 나간다. 나는 꼼짝없이 산과 물과 풀밖에 보이지 않는 외딴 방갈로에 유배되어 하루 종일 원고만 쓰고 있다. 커다란 네 짝짜리 유리문을 열면 동글동글 희한하게 생긴 산을 타고 온 조용한 강바람이 노트북과 내 몸을 들어올린다. 테라스 난간에선 시티맨이 열심히 빨아 널어놓은 빨래가 햇볕에 쨍쨍 마르고 있다. 정확히 햇볕이 약해지는 오후 세 시쯤 풀벌레소리밖에 들리지 않던 강변이 소란스러워진다. 강 물살을 타고 고무튜브를 탄 여행자들이 한꺼번에 떠내려 오는 시간이다. "까오!" 그들은 외딴 방갈로에 홀로 앉아 있는 나를 발견하고 손을 흔든다. 그러나 한두 명도 아니고 매번 누군가 지나갈 때마다 손 흔들기를 반복하다 보니 마치 놀이동산에서 장난감 기차가 지나갈 때마다 손을 흔들어주는 아르바이트를 하고 있는 기분이다.

방비엥은 그야말로 작은 읍내다. 가장 북적거리는 카페 골목을 빠져나가면 갑자기 확 트인 강변이 나타나고, 오토바이와 자전거와 사람만 건널 수 있는 20미터 길이의 나무다리가 놓여 있다. 다리를 건너면 방갈로를 짓기 위해 인공으로 제방을 쌓아 만든 섬이다. 밤만 되면 이 섬에 방비엥 배낭족들을 모조리 블랙홀처럼 빨아들이는 디스코 클럽이 활동을 개시한다. 그중 하나는 우리의 외딴 방갈로 바로 옆에 딱 붙어있다.

"쾅쾅쾅!"

요란한 음악소리에 시달리다 겨우 잠이 든 우리는 화들짝 일어났다. 누군가 우리 방갈로의 문이 부서져라 두드리고 있었다.

"뭐야? 저거!"

화가 난 시티맨이 당장이라도 문 앞의 불청객을 때려눕힐 기세다. 저들이 무슨 의도로 이런 외딴방까지 찾아왔을까. 혹시 총이나 칼을 든 강도? 아니, 강도보다 더 무서운 건 혹시 저들이 술과 무언가에 취한 '자유로운 영혼'들이 아닐까 하는 거다. 만약 문을 열었다가 시티맨의 불같은 성질도 모르고 횡설수설해댄다면 저들은 오늘, 죽는다.

잠시 후 불청객이 조용해졌고, 시티맨이 벌떡 일어나 문 밖을 확인하고 돌아왔다.

"저게 히피라는 거여?"

"아니 꼭 저런 애들이 히피는 아니고……."

"그럼 뭐여? 대체 뭐 하는 놈들인지 내일 당장 보러가야겠어!"

히피 해피 방석집

언젠가 여행자들에게 라오스에 가면 '해피 피자'라는 걸 먹을 수 있다는 얘길 들은 적이 있다. 해피 피자는 빵 안에 어떤 비밀의 가루를 섞어 만드는데, 이걸 먹으면 누구나 행복해져서 마구 웃어댄다는 것이다. 또 다른 여행자는 해피 피자 뿐 아니라 해피 쉐이크, 해피 초콜릿, 해피 요구르트 등등 거기에 가면 인간을 해피 바이러스에 전염시키는 온갖 먹을거리들이 넘쳐난다고 했다. 내가 신기해하며 "꼭 가서 먹어봐야지!"라고 외치면 그들은 목소리를 낮추어 은밀하게 덧붙였다. "근데…, 조심해. 너무 많이 먹으면 안 돼."

행복은 넘치면 행복이 아니다. 행복은 행복하다고 느끼는 순간부터 서서히 사라지기 시작하는 마법이기 때문이다. 그리고 불행하다고 느끼는 순간에 다시 서서히 행복의 마법이 찾아오기 시작한다. 그래서 행복이 그토록 넘쳐난다는 그곳은 내게 조금 기묘하고 으스스한 기분을 불러일으켰다.

라오스 중부에 숨어있는 작은 마을, '방비엥'은 바로 그 문제의 해피 천국이다. 그러나 대체 그 해피 피자라는 게 어디에 숨어있는지는 도통 알 수가 없다. 대신 나의 예감은 들어맞았다. 이 마을은 어딘가 모르게 기묘하다.

마을의 중심인 작은 사거리에는 방비엥의 트레이드 마크라고 할 수 있는 '방석집'들이 있다. 테이블과 의자 대신 신발을 벗고 올라가야 하는 넓은 마루 위에 푹신한 쿠션과 방석들을 깔아놓은 야외카페들이다. 손님들은 대부분 드러누워 있고 대부분 아무것도 하지 않는다. 그들 앞에 하나씩 놓인 다양한 색깔의 과일쉐이크들이 어쩜 비밀의 가루가 든 해피쉐이크일지도 모른다. 그러나 방석집들의 메뉴판 어디에도 '해피 쉐이크'나 '해피 피자' 같은 건 없다. 가장 기묘한 건 방석집들마다 하나씩 설치된 텔레비전인데, 거기에선 하루 종일 똑같은 프로그램이 방영되고 있다. 한두 집도 아니고, 방비엥의 모든 방석집들이 하나같이 똑같이 틀어대는 것은 2000년대 초반 미국의 인기 시트콤 '프렌즈'이다. 그러니까 방비엥에 도착하자마자 가장 먼저 들려오는 소리는 바로 이 '프렌즈'의 배우들이 깔깔거리고 웃는 소리이다. 방석집의 여행자들은 대부분 하루 종일 그 자세 그대로 '프렌즈'를 본다. 그러나 배우들은 웃겨죽겠다고 깔깔대고 있지만 열심히 보고 있는 사람들 중 아무도 웃는 사람은 없다. 아마 이 마을에서는 더 이상 해피 피자를 팔지 않나 보다. 아니면, 다들 경고를 무시하고 너무 많이 먹어버려서 이런 부작용에 시달리고 있는 지도 모른다.

　나에게 히피는 '해피'를 떠올리게 하고, 그래서 적어도 보통의 사람들보다 훨씬 행복한 사람들을 상상하게 만든다. 그리고 '해피 피자'에 대한 얘길 들었을 때 자연스럽게 '히피'를 떠올렸다. 엄밀히 말하면 '히피'는 정치적 용어이다. 60년대 미국에서 시작된 반전 반체제 반물질문명 운동의 기수들을 가리킨다. 50년이나 흐른 지금도 여전히 '히피'는 존재한다. 정치적 의미는 잊히고 그들의 실체가 지금도 존재하는지는 모호하지만, 맨발에 머리를 풀어헤친 극단적으로 자유로운 패션의 아이콘으로 존재하고, 누군가의 구체적인 삶의 방식으로 존재하며, 나 같은 이들이 삶의 바깥을 꿈꾸는 상상력으로도 존재한다. 나에게 히피는 삶의 방식 자체가 '여행'인 사람들, 나로선 도저히 따라갈 수 없을 만큼 별나게 자유로운 '정통배낭족'이다. 히피에 대한 상상력은 나뿐 아니라 배낭족이라면 누구나 배낭에 넣어오는 바람 같은 것이다.

　방비엥까지 찾아오는 길은 그 누구에게도 편하고 쉽지 않았을 것이다. 전설 같은 배낭족들의 천국을 찾아 산 넘고 물 건너 머나 먼 지구의 오지에 상륙한 자유로운 영혼들이, 지금 방비엥의 방석집에 누워있다. 저들의 배낭 안에는 어떤 바람이 들어있을까. 자유로워 보이지만 행복해보이지는 않는다. 햇살이 잦아드는 오후 3시쯤 그들은 서서히 몸을 일으켜 송 강의 물살을 타기 위해 고무튜브를 들고 달려 나간다. 그리고 팬케이크 따위로 저녁을 때운 후 우리의 외딴 방 옆의 디스코 클럽으로 몰려간다. 밤 10시 이후의 방비엥 여행자들은 모두 이 디스코 클럽에 있다.

　드디어 우리도 그 밤새도록 쿵쾅거리는 디스코클럽에 입성했다. 강변의 넓은 벌판에 나무 합판으로 짠 둥그런 무대가 설치되어 있고, 사람들은 모두 맨발로 무대를 오르내리며 신나게 몸을 흔들어댄다. 그들은 모두 빨대를 꽂은 조그만 양동이 같은 걸 들고 있었는데, 동남아 지역에서 유명한 '버킷'이라 불리는 칵테일이다. 혹시 그 안에 든 것이야말로 '해피 칵테일'일까? 종일 방석집에 시큰둥하게 누워있던 사람들이 모두 이상한 바이러스에 감염된 양 미친 듯이 떠들고 웃어댄다.

　"이런 거여? 히피 별 거 아니네?"

송 강변의 작은 섬에는 밤만 되면 이 곳 배낭족들을 모조리 블랙홀처럼
빨아들이는 디스코 클럽이 몇 개 있다. 문제는 그 요란한
소리가 우리의 고요한 외딴 방까지 들썩들썩 흔들어놓는다는 것이다.

키다란 네 짝짜리 유리문을 열면 동글동글 희한하게 생긴 산을 타고 온
조용한 강바람이 노트북과 내 몸을 들어올린다. 테라스 난간에선 아침에 시티맨이 열심히
빨아 널어놓은 빨래가 햇볕에 쨍쨍 마르고 있다.

시티맨이 온몸을 쫙쫙 펴며 준비운동을 한다.

"자! 1단 기어부터 달린다!"

'1단 기어'는 시티맨이 그 특별한 개인기인 'HOT' 춤에 시동을 거는 순간이다. 2단, 3단으로 올릴 때마다 시티맨의 몸은 더욱 문어처럼 꿈틀꿈틀 웨이브치기 시작하여 4단 기어에 이르면 무대 위의 사람들이 모두 비켜나며 자리를 내준다. 그의 바람은 배낭이 아니라 온몸에서 풍선처럼 부풀었다. 사람들이 엄지손가락을 치켜들며 박수를 쳤고, 물이 오른 우리의 시티맨은 온몸의 바람으로 무대 위를 날았다. 그는 그날 방비엥의 배낭족들 중에서 가장 행복해 보였다.

천국에서 쫓겨나다

'그 놈의 정체 모를' 히피들도 정복했고, 지독히 말 안 듣는 여자도 매일 자신의 감시망 아래 얌전히 있고, 조그만 마을 구석구석이 방콕의 카오산처럼 익숙해져 가는 재미도 쏠쏠하니 모든 것이 만족스럽다. 시티맨은 "우리 여기서 지겨울 때까지 눌러 붙자!"라고 큰소리 치며 방갈로 숙박비도 열흘 치를 계산해 놓았다. 그러나 이 마을을 제2의 카오산, 그의 '나와바리'로 만드는 것은 뜻대로 되지 않았다.

"미노야! 큰일났어."

시티맨이 다급하게 뛰어 들어왔다. 마을에 몇 대 밖에 없는 현금인출기들이 모두 시티맨의 카드를 거절했단다.

"영수증은 챙겨갖고 왔어요?"

"아니."

그동안 방비엥 생활의 모든 것을 시티맨에게 맡겨온 나는 드디어 몸을 일으켰다. 외국에서 현금을 인출할 때는 오류가 날 때를 대비해서 반드시 영수증을 챙겨야 한다고 일러주었다. 그리고 은행창구에 가서 신고를 하고 돈이 계좌에서 빠져나간 것은 아님을 확인했다. 이런 오지마을에서는 종종 한국 같은 먼 나라와의 전산망이 장애를 일으키고, 여러 번 오류가 난 카드는 사용정지가 되어 버린다. 나는 남은 현금으로 며칠을 버틸 수 있는지 꼼꼼하게 계산했다. 결국 나에게 SOS를 치게 만든 '깡촌의 말도 안 되는' 현금인출기를 저주하면서, 시티맨은 풀이 죽어 버렸다.

그리고 얼마 후 시티맨이 단번에 무릎을 꿇어버린 대사건이 발생했다.

"미노야! 진짜 큰일났어! 어떻게 하지?"

시티맨이 '나와바리'를 만드는 법은 이러했다. 한국 남자라면 누구나 선호하는 지름길, 지연 학연 다 동원해서 가까운 연줄부터 찾는 것. 이런 타지에서는 무조건 말이라도 통하는 한국인 숙소나 레스토랑, 여행사를 찾는 것이다. 다행히 방비엥에는 한국인 부부가 운영하는 그랑블루 게스트하우스가 있었다. 시티맨은 그곳에서 지도도 얻어오고, 사륜구동을 몰고 소풍을 갈 수 있는 탐험코스도 알아 놓고, 비자 문제도 부탁해 놓았다며 으슥해 했다. 근데 가장 중요한 그 비자에 문제가 생긴 것이다.

방비엥에는 비자를 연장할 수 있는 이민국이 없다. 대신 여권을 여행사에 맡기면 약간의 수수료를 지불하고 수도인 비엔티안으로 보내어 연장을 받을 수 있다. 그런데 이틀 전에 그랑블루 게스트하우스를 통해 여행사에 맡긴 여권이 되돌아온 것이다. 이유는 알 수가 없다. 이미 루앙프라방에서 두 번이나 비자 연장을 한 경험이 있는 우리는 비엔티안에서도 쉽게 할 수 있으리라 생각했다. 그러나 비엔티안에서는 한 번밖에 안 된다는 것이다. 그 청천벽력 같은 사실이 통보된 그 날, 우리에겐 비자 만료일이 하루 밖에 남지 않았다. 그리고 이미 밤 8시였다.

"뭐 이런 말도 안 되는 나라가 다 있어? 루앙프라방에선 되고 비엔티안에선 안 된다니 말이 돼?"

그러나 이방인이 그 나라 법에 대해 이러쿵저러쿵 할 자격은 없다. 나는 당장 사정을 설명하고 미리 계산한 방값을 돌려받았다. 그리고 문을 닫기 시작한 방비엥의 여행사들을 일일이 찾아다니며 내일 새벽 국경을 넘을 수 있는 교통편을 물색했다. 시티맨은 입을 꾹 닫고 나를 따라다녔다.

다음 날 아침, 그는 천국에서 쫓겨나며 절규했다.

"난 여행 싫어! 내 뜻대로 되는 게 아무 것도 없잖아!"

In to the heart

mino story

TRAVEL TO LOVE

THAILAND

BANGKOK, AMPAWA, MEKLONG

—

3

방콕은 남자를 떠나게 한다

BANGKOK EXPELS A MAN

리얼

깡촌

정말로 정글이다. 온갖 나무들이 마치 밀림처럼 **빽빽**하게 자라있고,
생전 처음 들어보는 정체불명의 울음소리들이 난다.
내가 2층 테라스의 예쁜 탁자에서 원고를 쓰는 동안,
시티맨은 부지런히 빨래를 해서 널거나, 정자 위에 누워서 담배를 핀다.

홈스테이

Here is Aampawa

우리는 갑자기 카오산으로 왔다. 처음 만난 장소로 다시 돌아온 것이다. 한 달 반 전에 눈물의 이별을 할 때만 해도 상상하지 못한 일이다. 카오산에는 시티맨의 전용 마사지사 '올리'와 '팽'이 있다. 타이마사지를 한 번 맛본 한국 아저씨들이 대개 그렇듯 그는 타이마사지 홀릭이다. 하루라도 마사지를 받지 않으면 한 끼를 거른 것처럼 짜증이 나지만, 의리를 목숨처럼 여기는 시티맨은 다른 마사지사들에게 절대 가지 않는다. 올리와 팽이 예약이 꽉 찬 날엔 하루종일 구시렁거린다. 다시 방콕으로 돌아온 첫날, 카오산에 도착하자마자 시티맨이 나를 끌고 올리와 팽을 찾았다. 큰 돈 쓰기에 벌벌 떠는 배낭족의 직업병(?) 탓에 한번도 마음껏 마사지를 받아본 적이 없던 나는 처음으로 두 시간 풀 마사지에 도전했다.

"내 와이프야! 우하하하!"

카오산을 떠날 때는 혼자였지만 유부남이 되어 카오산에 재입성한 시티맨은, 누구든 다 붙들고 자랑하고 싶어서 난리가 났다. 시티맨은 여전히 지난 8월 한 달간 맘껏 주름잡고 살았던 이 동네의 유명인사다. 다들 긴 노랑머리를 왜 잘랐는지 궁금해한다. 그 때마다 "나 결혼했거든!"이라고 외치는 시티맨은 오랜만에 진정 신이 났다.

"드디어 시티맨의 나와바리로 오니까 좋아요?"

"우하하하! 이젠 내 세상이지! 이젠 내 뜻대로 다 할 수 있어!"

그를 한없이 분통 터지게 하고 한없이 작아지게 만들던 그 지긋지긋한 깡촌, 라오스를 벗어나서 드디어 '시티맨'으로서의 실력을 마음껏 펼칠 수 있는 '제대로 된 시티'로 돌아온 것이다. 그런데 하루도 안 되어 시티맨이 풀이 죽었다.

"시티맨, 이젠 '왕고' 안 해?"

"아니, 재미없어."

3개월 사이에 동대문 도미토리는 그야말로 완전히 '물갈이'가 되었다. 왕년의 터줏대감들은 모두 어디론가 떠났고, 새로운 터줏대감들이 그 자리를 차지하고 있었다. 나이로 보나 덩치로 보나 시티맨이 맘만 먹으면 모두 '싹' 밀어낼 만도 하건만, 그는 예전 같지가 않다. 내부에서 무엇인가 변하고 있는 걸까. 그는 그 변화에 대해 야릇한 두려움을 느끼며 이렇게 표현했다.

"아, 내가 이상해. 내가 없어지고 있는 것 같아."

시티맨이 자신도 모르게 '시인'이 되었다. 그가 '바다의 깊이를 재기 위해 바다로 내려갔다가 흔적도 없이 녹아 없어진 소금인형(류시화 '소금인형' 中)'을 알까. 그는 이런 식으로 불현듯 나를 감동시킨다. '단순 답답 촌스러운 똥고집'의 결정체, 직장상사로 만나도 골치 아플 남자를 하필이면 남편으로 만났다며 분통을 터트리는 나는, 그러나 여전히 그대로이다. 나는 언제나 그가 변하기만을 기다리고 있다. 나도 안다. 해피엔딩이 되기 위해선 필연적으로 우리 둘 모두 서로의 깊은 바다 속으로 들어가야 한다는 것을. 시티맨, 나보다 먼저 소금인형이 되려는 거예요?

왕년의 동대문 아그들 중에서도 그의 최측근은 지금도 여전히 동대문에 있다. 그들은 바로 동대문을 지키는 스태프, '어'와 '딴'이다. 서른 다섯 여자 '어'와 스물 여덟 남자 '딴'은 결혼을 약속한 커플이다. 벌써 3년이나 된 커플이지만 일할 때 불필요한 문제를 만들지 않기 위해서 동대문 투숙객에게는 철저히 비밀로 붙여둔다.(어 딴, 이거 누설해도 될까?) 게스트하우스라는 일터는 밤과 낮이 따로 없이 24시간 잠시도 비워둘 수 없는 곳이다. 어가 잠시 눈을 붙일 때는 딴이, 딴이 눈을 붙일 땐 어가 카운터에 앉아 있다. 아마도 일 년에 단 며칠도 맘껏 데이트를 못했을 것이다.

딴이 겨우 스물 여덟에 어의 남자가 될 수 있었던 데에는 특별한 이유가 있다. 그는 그 유명한 태국의 '블랙 럭키 가이'다. 블랙 가이란 우리나라로 치면 군 면제자 같은 것이다. 불교나라인 태국의 남자들은 정해진 나이가 되면 누구나 승복을 입고 3년 동안 절에 들어가 수행을 해야 한다. 그러나 1년차에 제비뽑기를 해서 행운의 검은색을 뽑은 남자는 자유의 몸이 된다. 딴은 남보다 2년 먼저 사회로 나와 능력 있는 연상녀, 어를 만날 수 있었다는 것이다.

어와 딴이 앉아있는 도미토리 카운터에는 시티맨과 함께 찍은 사진들이 주렁주렁 걸려 있다. 도미토리 왕고는 아무나 되는 게 아니다. 그곳의 스태프까지 완벽하게 구워 삶아 최측근으로 거느려야 한다. 어와 딴은 그를 '오빠', '형님'이라 부르며 따른다. 시티맨을 따라 다시 동대문에 입성한 날부터 나도 그들에게 '언니'와 '누나'가 되었다. 그리고 어느 날 어가 나를 불러 인터넷에 올라온 사진 한 장을 보여주었다. 한밤의 커다란 나무에 크리스마스 트리 장식을 해놓은 것처럼 수없이 많은 불빛들이 한꺼번에 반짝거리는 사진이었다.

"반딧불이예요. 보러가지 않을래요?"

어와 딴이 드디어 6개월 만의 주말휴가를 받았다. 두 사람은 우리와 함께 반딧불이가 사는 '암파와(Ampawa)'라는 마을로 주말여행을 가고 싶어 했다.

"근데 오빠는 안 좋아할지도 몰라요. 거기는 시티가 아니거든요."

하하, 어도 시티맨에 대해 나만큼 잘 알고 있었다.

사라지는 마법의 시장, 암파와

아침 일찍 '어'의 매끈한 은빛 자가용이 우리를 데리러 왔다. 우리가 가는 곳은 방콕에서 남서부로 약 70킬로미터 떨어진 '사뭇 송크람(Samut Songkhram)'이다. 바닷물과 민물이 만나는 넓은 염전지대가 펼쳐져 있고, 이탈리아의 베네치아처럼 크고 작은 물길들이 어지러이 얽혀있는 사이사이 아름다운 섬마을들이 있고, 강변에는 아름다운 반딧불이가 산다. 게다가 태국 불교의 성인 '루앙포르 콩(luangphor khong)'의 고향이기도 해서 이름 난 불교사원들이 모여 있다. 어, 딴이 제일 먼저 우리를 데려간 곳은 '돈 호이 롯(don hoi lot)'이라고 부르는 염전 마을인데, 방콕에서 주말여행을 온 태국인들로 발 디딜 틈 없이 북적거린다. 넓은 갯벌에 고깃배들이 한가로이 잠겨있는 풍광도 일품이고, 광장 앞에 늘어선 해산물 시장에서는 갓 잡아 올린 싱싱한 해산물들이 즉석에서 요리되어 저렴한 값에 팔리고 있다.

나와 딴이 구경에 정신이 팔려있는 동안 시티맨과 어는 서로 점심거리를 사겠다고 투덕거린다. 그러나 엄마처럼 능숙하게 장을 보는 어의 솜씨를 시티맨은 도저히 따라갈 수 없었다. 삶은 게와 새우, 오징어 살 꼬치구이, 양념 가리비 구이, '쏨땀(som tam)'이라 불리는 매콤한 파파야 샐러드에 얼음을 채운 태국 맥주 '비어 레오'까지 돗자리가 넘치도록 푸짐한 점심상이 차려졌다.

우리는 다시 최종 목적지인 '암파와'로 향했다. 암파와는 태국인들에게 유명한 수상시장이다. '수상시장'이라는 건 그곳처럼 수로로 연결된 마을에서 발달한, 물건을 실은 배들이 오가며 물 위에서 물건을 사고 파는 시장이다. 태국 여행 상품과 카오산의 여행사들에 걸려 있는 관광포스터에 반드시 등장하는 '담는사두악(Damnoen Saduak)'이라는 수상시장이 있는데, 바로 암파와 인근에 있다. 외국인 관광객들에게 유명해진 담는사두악이 단체관광객을 끌어들이기 위한 전시용으로 전락한 반면, 암파와는 여전히 수상시장의 활기가 생생하게 살아있다. 강변으로 빠지는 작은 골목들과 강변 앞에 늘어선 작은 상점들에선 방콕에서도 볼 수 없는 구경거리가 널려 있고, 관광객들이 모이는 몇 개의 작은 다리 밑에는 국수나 볶음밥, 조개구이 같은 요리를 즉석에서 만들어 파는 작은 보트들이 뱃머리를 바싹 붙이고 있다.

몇 년 전부터 암파와 시장을 새로이 장악한 세력이 있는데, 그들은 태국의 젊은 예술가들이다. '암파와'를 소재로 직접 만든 공예 작품들을 파는 작은 상점들은 이제 암파와의 아이콘이 되었다. 우리가 도착한 토요일 오후는 암파와가 가장 붐비는 시간이다. 방콕에서 몰려온 태국인들로 좁은 시장통은 몸살을 앓았다. 위에서 보면 마치 실 같은 골목 사이로 거대한 벌레 떼가 꿈틀꿈틀 움직이고 있는 듯이 보일 것이다.

암파와 시장에서는 30분마다 반딧불 여행을 떠나는 모터보트가 출발한다. 시원한 강바람을 가르며 모터보트가 요란하게 달려 나갔고, 한참 후 모터를 끄고 수풀 가까이 접근했다. 사람들이 웅성거리며 어딘가를 가리킨다.

"언니! 저기 봐! 반딧불이!"

눈이 어둠에 익숙해지자 조금씩 보이기 시작했다. 암파와가 유명세를 타기 전에는 훨씬 많은 반딧불이가 살았다고 한다. 그러나 30분마다 한 번씩 요란한 진동음을 울려대는 모터보트들 때문에 서서히 죽어가거나 겁에 질려 반짝이는 꽁무니를 내려버렸는지도 모른다. 그러나 여전히 암파와의 반딧불은 황홀하다. 지구에 얼마 남지 않은 반딧불이 서식지를 보고 싶다면 지금이라도 서둘러 암파와로 가시라.

แม่กลอง
MAEKLONG
กม. 33 + 762.50
ลาดใหญ่
LAD YAI
กม. 27 + 630.30
ระยะทาง 6,132.20 ม.

암파와 수상시장은 주말마다 방콕에서 나들이 온 태국인들로 발 디딜 틈 없이 북적거린다. 이렇게 어지럽고 시끄러우며 눈과 입을 즐겁게 하는 곳은 없을 것이다.

어와 딴이 방콕으로 돌아간 월요일 아침, 우리는 관광객들이 빠져나간 암파와를
느긋하게 구경하기 위해 다시 왔다. 그러나 놀랍게도 거기엔 아무것도 없었다. 상점들
은 모두 문을 닫았고, 음식을 팔던 배들도 사라졌다. 알고 보니 암파와 수상시장은 딱
3일간 주말에만 열리는 시장이었다. 거짓말처럼 정적이 흐르는 텅 빈 강변은 꿈을 꾼
것처럼 야릇한 비현실감을 불러일으켰다.

백년된 태국 저택 홈스테이

이 지역에 유명한 게 또 하나 있다. 바로 오래된 태국식 전통 가옥에서 홈스테이
를 해보는 것이다. 암파와 시장 입구의 관광안내소에서 직접 홈스테이를 주선해 준
다. 암파와 시장 안에도 홈스테이를 할 수 있는 집들이 있지만 게스트하우스와 다를
게 없고 시장이 열리는 주말이면 숙박비도 터무니없이 올라가며, 이미 몇 주 전부터
예약이 꽉 차기 일쑤다. 또 다른 선택사항은 시장에서 벗어난 강변의 숙소들이다. 이
곳은 그냥 마룻바닥에 매트리스를 일렬로 깔아놓은, 주말 엠티를 온 방콕 대학생들
의 소굴이다.

우리는 암파와에서 3킬로미터 떨어진 작은 마을로 갔다. 거기엔 백 년이 넘은 정
통 태국식 목조가옥이 있었는데, 그냥 가정집 정도가 아니라 완전히 '저택'이었다. 과
일나무가 빽빽하게 우거진 정원에는 앙증맞은 나무 그네와 벤치가 보였고, 현관 쪽에
서는 2층, 반대편에서 보면 3층인 우아한 목조 가옥은 주인 부부가 쓰는 본채 외에도
크고 작은 거실과 네 개의 손님용 침실이 꾸며져 있었다. 게다가 저택의 뒤쪽 테라스
는 깊은 물이 흐르는 운하 바로 위에 걸쳐져 있었는데, 그 앞에 예쁜 정자까지 만들어
놓았다. 나는 보자마자 완전히 반해버렸고, 시티맨에게 '귀국 전까지 무조건 장기 체
류'를 선언했다.

"아! 정말 미치겠다! 졌다, 졌어!"

우리의 마지막 여행지에서 시티맨은 드디어 손을 들었다.

"네 그 분은 왜 이런 깡촌에만 오신다냐."

　나의 '그 분'은 바로 아주 가끔씩만 찾아오시는 '글쓰기의 신'이시다. 오셔야 그나마 원고가 풀리기 시작하는데, 바로 여기 태국의 저택으로 강림하셨다.

　"저것이 뭔 소리여?"

　"개 짖는 소리? 늑대 소리?"

　"이건 깡촌도 아녀, 완전 정글이구만, 정글."

　정말로 정글이다. 온갖 나무들이 마치 밀림처럼 빽빽하게 자라있고, 생전 처음 들어보는 정체불명의 울음소리들이 난다. 내가 2층 테라스의 예쁜 탁자에서 원고를 쓰는 동안, 시티맨은 부지런히 빨래를 해서 널거나, 정자 위에 누워서 담배를 핀다. 심심할 때는 멍하니 흐르는 물을 쳐다보고 있다가 가끔씩 '물고기닷!'을 외치기도 한다.

　시티맨은 어느새 시름시름 앓기 시작했다. 며칠 비가 온 탓에 오랜만에 서늘한 날씨가 이어졌다. 시티맨은 여전히 시무룩하게 정자에 누워 있다.

　"시티맨, 날씨 시원하니까 좋지?"

　"습기 때문에 온몸이 끈적끈적하잖아……."

　"어, 난 괜찮은데."

　건조한 내 피부는 습기가 있는 날에 가장 뽀송뽀송하다. 내 팔을 만져본 시티맨,

　"너 물가에 사는 외계인이지?"

　아하, 내 몸은 물가를 벗어나면 버썩 말라버린다.

　"난 이제부터 시티맨이 아니라 오일맨 할 거야! 넌 물! 난 기름! 우리 물과 기름인겨!"

　그러나 그곳에도 여지없이 '깡촌의 물'보다 더한 적수가 있었다.

　"진짜 친절해……. 그지?"

　이번에야말로 시티맨도 인정한 그의 생애 최고의 적수는 바로 이 저택의 친절한 노부부다. 여행을 하면서 가장 힘든 게 '사람'이라는데, 시티맨은 단 한번도 사람 때문에 가슴앓이를 해본 적이 없다. 나이 어린 사람을 만나면 나이로 누르면 되고, 기분 나쁜 사람을 만나면 그냥 확 성질로 눌러버리면 되고, 자신과 상관없는 사람은 그냥 무시해 버리면 된다. 그러나 이런 사람들, 뭐 하나 해준 것도 없는데 끝없이 친절하

게 챙겨주는 노부부. 그들이 시티맨이 빠져나갈 수 없을 만큼 가까운 거리에 성큼 들어와 버렸다.

은퇴한 노부부는 둘 다 젊은 시절에 학교 선생님이었다. 성장한 아들들은 모두 방콕에 보내고 몸이 불편한 막내아들과 외딴 저택에서 조용히 지내며 주말마다 홈스테이를 하러온 방콕의 젊은이들을 맞이한다. 첫날 아침 늦잠을 자고 일어나 테라스로 나갔더니 할아버지 할머니 모두 똑같은 앞치마에다 머리 수건까지 두른 모습으로 우리를 기다리며 앉아 있다. 할머니는 분홍색 립스틱으로 예쁘게 화장까지 했다.

"굿 모닝?"

유창한 영어로 밤새 불편한 건 없었는지, 아침은 태국식 죽으로 준비했는데 입에 맞는지, 커피는 좋아하는지 바나나는 좋아하는지 이것저것 물어보며 부산스럽게 아침상을 차린다. 아침을 먹고 난 후 욕실의 커다란 욕조에다 그동안 밀린 빨래를 넣고 모조리 빨아버린 시티맨이 커다란 빨래더미를 껴안고 나왔더니 할머니는 또 부지런히 빨래대를 만들어준다. 자전거도 공짜로 빌려주고, 암파와까지 갈 일이 있으면 할아버지가 차로 직접 데려다 줄 테니 꼭 얘기하라는 당부도 한다.

"이게 바로 서비스의 정석이야! 모름지기 '쓰-비스'란 이 정돈 돼야지."

처음엔 시티맨도 노부부의 친절을 당연한 '서비스' 정도로 치부하려고 노력했다. 그러나 어느 날 버스가 끊어진 늦은 밤에 지나가는 차를 '히치'해서 돌아왔더니, 노부부가 대문 앞까지 나와서 안절부절 기다리고 있다.

"아이고, 왜 이렇게 늦었어? 사고라도 당한 줄 알았네."

우리는 홈스테이라는 게 게스트하우스나 호텔과 다르다는 것을 깨달았다. 그 날 밤 맥주를 사러갔던 시티맨이 숨을 헉헉 몰아쉬며 후다닥 뛰어들어 왔다.

"우와, 진짜 졌다, 졌어. 무진장 친절해. 몸 둘 바를 모르겠어."

시티맨이 맥주를 사러 나간다며 문을 열어주길 부탁했는데, 겨우 2분 거리의 구멍가게에서 맥주를 사서 나왔더니, 할머니 할아버지 모두 잠옷 바람으로 구멍가게 앞까지 따라와 목이 빠지게 기다리더라는 것이다. 서른 여섯 살과 마흔 살, 나이를 먹을 만큼 먹은 우리도 노부부에겐 철없는 아기처럼 보이는 것이다. 나는 그렇다쳐도 덩치 큰 시티맨이 난생 처음 아기 취급을 당했으니 그는 당황해서 어쩔 줄을 몰라 했다.

　우리에겐 고민거리가 하나 있었다. 평일에는 암파와 시장도 문을 닫아버리고, 홈스테이 저택 근처에는 밥을 먹을 만한 식당도 없고, 장기체류를 하기 위해서는 어딘가 식량조달처를 확보해야 하는데 먹을 데라곤 2킬로미터나 떨어진 편의점 밖에 없었다. 노부부가 끼니때마나 비리 말을 해주면 밥을 준비해놓겠다고 했건만, 생애 최고의 친절에 놀란 나머지 과도하게 몸을 낮춰버린 시티맨은 그것마저 민폐라며 손사래를 친다. 노부부는 컵라면을 자주 끓여먹는 시티맨을 위하여 테라스 정자 위에 전기포트를 하나 내어놓았다. 그러나 초저녁에 잠이 드는 노부부를 깨우기라도 할까봐, 시티맨은 숨소리 한 번 못 내고 조심조심 컵라면을 끓여오며 중얼거린다.

　"아……, 미치겠다! 너무 친절해."

　시티맨은 드디어 방청소도 직접 빗자루를 가져와서 쓸고, 밤에 정자에 나가 바람이라도 쐬자고 하면 목소리를 잔뜩 낮추어 나를 말린다.

　"할머니 할아버지 주무시는데 미안하잖아. 그냥 방에서 놀자."

　내가 원고를 쓰는 동안 심심한 시티맨은 자전거를 몰고 집을 나선다. 2킬로미터 밖의 편의점까지 식량을 사러가는 게 그의 유일한 낙이다.

　"우와, 여기 진짜 깡촌이다!"

　새삼스럽게 또 깡촌 타령인 시티맨, 그러나 이번에는 '깡촌'의 의미가 달라졌다. 쌩쌩 지나가는 차를 피해 길을 건너려고 서성거리고 있는데, 건너편 은행에 앉아있던 경찰이 갑자기 도로 한가운데서 차들을 막아서며 시티맨을 경호해줬다는 것이다.

　"이건 깡촌에서나 가능한 친절이야. 여긴 너무 친절해."

　결국 깡촌이 그를 감동시킨다.

　"그 경찰, 요구르트 하나 사서 갖다 줬더니 좋아하더라……."

우리는 관광안내소에서 소개받은 집을 찾아
암파와에서 3킬로미터나 떨어진 작은 마을로 갔다.
거기엔 친절한 할머니와 할아버지가 사는
백 년이 넘은 정통 태국식 목조 가옥이 있었다.

세상에서 가장 위험한 여행, 매끌롱

그곳에는 진짜로 '기찻길 옆 오막살이'가 있다. 백퍼센트 노랫말 그대로의 사실성
이 그보다 더 잘 구현된 곳은 없을 것이다. 그곳의 기차선로는 말도 안 되게 엉뚱한 자
리에 있다. 아주 오래 전에 기차 운행이 중지되었고 미처 걷어내지 못한 녹슨 선로가
방치되고 있는 게 틀림없다. 이름 모를 풀들이 무성한 기찻길은 마치 어느 집 앞의 화
단 같기도 하다. 화분, 빨래대, 물동이를 내놓은 집들의 현관 바로 앞에 기차길이 지
나고 있기 때문이다. 사람들은 기차선로를 무심히 돌부리처럼 툭툭 차며 아무렇지 않
게 타넘어 다닌다. 그러나 잠시 후 그곳에는 "삐~."하고 경보음이 울리고 그 좁은 골
목길을 가득 메우며, 주택가의 낡은 벽이 울리고 창문이 덜커덩거리도록 커다란 몸집

의 기차가 우렁차게 지나간다. 기차꼬리가 사라진 후 골목길의 기차 선로는 이제 살아있는 것으로 보인다. 사람들이 살고 있는 멀쩡한 주택가 골목길 한가운데 아찔하게 뻗어있는 기찻길.

우리는 기찻길을 따라 걷기 시작했다. 한참 후 골목은 점점 더 좁아지고 사람들이 붐비는가 싶더니 그야말로 기똥찬 풍경이 펼쳐졌다. 기찻길 바로 위에 감자, 무, 파프리카, 심지어 생선 더미가 쌓여있는 노천시장이 있는 것이다. 장을 보러 나온 사람들이 기차 선로 위를 바삐 오가며 물건을 고르고 흥정을 한다. 기차 선로는 단지 그곳에서 물건을 늘어놓은 가판대와 손님들이 지나는 통로를 구획하는 경계선이 될 뿐이다. 기차가 들어오는 신호가 울리자 상인들은 서두르는 기색도 없이, 그러나 놀라울 만큼 일사불란하게 천막을 걷었다. 정확히 5분 후 좁은 시장통을 통과하는 기차가 거침없이 달려와 시끄러운 소리와 거대한 진동을 남기고 지나갔다. 순간 나를 감동시킨 것은, 기차 몸통 아래서 바퀴를 피해 아슬아슬하게 목숨을 부지하고 있는 감자, 파프리카, 생선들이었다. 그렇게 기차는 그 어떤 사고도 일으키지 않고 '거짓말처럼' 무사히 메끌롱 역에 도착했다. 언제 기차가 지나갔냐는 듯 시장 골목엔 다시 평온과 활기가 넘치기 시작했다.

기찻길 끝에는 기차역이 있다. 그러나 이 당연한 사실이 여기선 왜 이토록 신선한지! 메끌롱 기차역, 그것은 작은 사거리를 사이에 두고 노천시장과 마주보고 있으며, 그 둘은 기찻길로 단단하게 묶여있다.

"저 기차, 왔던 길로 다시 가겠지?"

"글쎄, 왜? 설마……."

시티맨은 내 눈에 번쩍이는 호기심을 발견하고 두려움에 몸을 떨었다. 메끌롱은 이미 우리가 홈스테이를 하는 마을에서 반대 방향으로 버스를 타고 한 시간이나 떨어진 곳에 있었다. 그러나 기차는 메끌롱 시내를 빠져나가자마자 강과 바다를 건너 더욱 멀리 태국 내륙을 향해 달려갈 것이다. 게다가 메끌롱 기차역 매표소에는 이번이 마지막 기차라는 안내판이 붙어있었다.

"그래도 갈 거야?"

"요 다음 역까지만 가보자. 돌아오는 버스가 있을 수도 있잖아요."

나는 고개를 흔드는 시티맨을 끌고 기차에 올라탔다. 세상에서 가장 위험한 기차와 한 몸이 되어, 좁은 골목 양쪽으로 빽빽하게 붙어선 상인들을 헤쳐 가며, 내 발밑으로 쌩쌩 지나가는 감자와 파프리카와 생선들을 신나게 쳐다보았다. 기차는 순식간에 시장 동을 빠져나와 넓은 벌판을 달리기 시작했다. 그러나 우리를 다시 메끌롱에 데려다줄 만한 버스는커녕 작은 마을버스 한 대도 발견할 성 싶지 않은 시골 간이역을 계속 지나갔고, 결국 기차의 종착역까지 가버리고 말았다.

"메끌롱까지는 어떻게 가나요?"

벌써 오후 여섯 시가 지난 시각, 다급해진 나는 아무나 붙들고 절박하게 외쳤다. 시티맨은 이럴 줄 알았다는 듯 나의 무모함에 단단히 골이 났다. 어이없다는 눈빛으로 우리를 쳐다보던 한 아저씨가 따라오라는 손짓을 했다. 아저씨는 우리를 커다란 배에 태워 뱃삯까지 내주며 바다를 건넜다. 그리고 정체 모를 봉고차 한 대를 잡아주었다. 봉고차는 마치 총알택시처럼 무지막지하게 달려 나갔다.

"시티맨, 우리 오늘밤 안에 집에 갈 수 있겠지?"

"몰라! 자유로운 당신이 알아서 하시겠지!"

오로지 세상에서 가장 위험한 기차를 타보기 위해 이번 여행에서 가장 위험한 짓을 감행했던 우리는, 아슬아슬 좁은 길을 통과해 거짓말처럼 무사히 메끌롱 역에 도착하던 그 기차처럼, 그 어떤 사건사고도 없이 밤이 깊어지기 전에 집에 도착했다. 골목 끝에서 우리를 기다리고 있는 노부부를 발견하자 시티맨이 야단맞는 아이처럼 헐레벌떡 뛰어갔다. 그 날 밤 시티맨이 불현듯 말했다.

"그래도 넌 깡충깡충 내 토깽이가 맞는 겨. 혼자 내버려두면 무슨 사고를 칠지 몰라. 네가 할머니가 돼도 내 손만 붙잡고 살게 해줄 겨."

항공권을

찢다

그 날 아침 우리는 각자의 결정을 적은
쪽지를 동시에 펴보았는데, 나란히 '여행'이라고 쓰여
있었다. 극과 극의 두 사람은 오랜만에
마음이 통했다는 게 너무 신기해서 기꺼이 항공권
두 장을 찢어버렸다.

mino story

with cityman

back to Bangkok

드디어 귀국일이 이주일 앞으로 다가왔고, 우리는 비행기를 타기 위해 방콕으로 돌아왔다. 3개월간 방콕행만 세 번째이다.

"헤이!"

누군가 시티맨의 어깨를 후려쳤다.

"우와! 히로! 언제 왔어? 어디 있었어?"

동대문에서 유일하게 터릇대감 무리에 합류해 있었던 일본인, 히로 상이었다. 일본인은 우리와는 다르게 태국 관광 비자를 딱 한 달밖에 받지 못한다. 그래서 히로처럼 태국에서 무기한 장기체류를 하기 위해서는 부단히 비자 문제를 해결하러 돌아다녀야 한다. 방콕에 머문 지도 벌써 일 년이 넘은 히로는 비자 때문에 말레이시아, 라오스, 캄보디아를 다 다녀왔으나 단지 국경선만 살짝 넘어갔다 왔을 뿐 그 나라들을 여행한 적은 없다. 왜 거기까지 가서 그냥 오느냐고 물으면 히로는 웃으면서 말한다.

"나는 방콕이 제일 좋으니까!"

이번에는 조금 멀리 말레이시아를 다녀온 히로는 며칠 전 어, 딴에게 시티맨이 돌아왔다는 이야기를 들었고, 매일 동대문에 들러서 시티맨이 오지 않았는지를 살피고 있었다는 것이다.

"왜 그냥 동대문에 있지 않고?"

"돈이 떨어져서 안 돼. 지금 있는 곳은 하루에 150바트짜리야."

드디어 히로도 카오산에서 제일 싼 일본 배낭족 소굴로 복귀했다. 서른 여섯까지 돈도 벌지 않고 부모님이 보내주시는 용돈으로 살아간다니, 절약해야 함이 당연하기도 하다. 그도 고민이 많았다. 올 겨울 부모님이 퇴직한 후에는 더 이상 용돈을 보낼 수 없다는 통보를 받았고, 일본에는 돌아가고 싶지 않은데 방콕에서 딱히 직업을 구하기도 쉽지 않은 것이다. 게다가 지난 여름 그토록 뜨겁게 방콕의 밤을 공유했던 시티맨이 갑자기 머리도 자르고 결혼까지 한 걸 보자 이상한 감회가 밀려드는 모양이었다.

"형은 뭔가 변한 것 같아. 여름이 끝나고 가을 바람이 부는 것 같은."

며칠 후 시티맨의 또 다른 아그가 돌아왔다. 시티맨의 전임 딕셔너리, 종현이 캄보디아를 여행하고 돌아온 것이다. 한 달 동안 프놈펜에서 캄보디아 아이들의 학교를 짓는 봉사활동을 했다고 한다. 어느 새 캄보디아어를 꽤 터득한 이 언어 열공생은 동대문에서 일하는 캄보디아인 아줌마들과 캄보디아어로 수다를 떤다. 시티맨과 히로, 종현, 어와 딴까지, 이 정도면 왕년의 핵심멤버는 모인 셈이다.

탑마삿 대학의 마지막 일출

"내가 그렇게 변했나?"

우리의 마지막 일주일 동안 시티맨은 밤마다 돌아온 아그들과 술만 마셔댔다. 나는 조금 뿔이 났고, 시티맨은 시티맨대로 뭔가에 짜증이 나 있었다. 그런 어느 날 밤, 거나하게 취해서 들어온 시티맨이 잔뜩 인상을 쓰며 '애들이 나더러 너무 얌전해졌다는데.'라고 했다. 그리고 뜬금없이 소리를 질렀다.

"여행 이젠 너 혼자 해!"

그도 깨달은 것일까. 예전의 자신이 몽땅 바다 속에서 녹아 없어질지도 모른다는 것을. 그러나 나에겐 그의 절박함이 와 닿는 대신, 여행 혼자 하라는 말만이 귓가에 울렸다. 가슴이 철렁 내려앉았다. 그 한 마디가 이토록 섭섭할지 몰랐다.

"책임진다는 게 그거야? 역시 남자는 믿으면 안 돼!"

아, 이번에는 내가 깨달을 차례였다. 나는 시티맨만큼이나 깊은 바다에 들어가 있었다. 예전의 그 뻔뻔하고 용감했던 여자는 사라지고, 소심하고 나약해진 이상한 여자가 보였다. 혼자서는 도저히 여행을 즐길 자신도, 행복하게 살 자신도 없어져버린 걸까. 누군가에게 기댄다는 건 이토록 무서운 결과를 초래한다.

우리는 그 동안의 크고 작은 싸움과는 비교도 안 될 만큼 대전쟁을 벌였고, 카오산의 랜드 마크인 민주기념탑 바로 앞 초대형 맥도날드에서 내가 반지를 집어던지며 시티맨의 뺨을 치는 엄청난 사건이 벌어졌으며, 그 날 나는 짐을 싸서 동대문을 나왔다. 한국에서는 서로의 사는 집도 연락처도 모르는 우리가 이런 외국 땅에서 잠시라도 헤어진다는 건, 인연이 끝나는 걸 의미한다.

　　그러나 다음 날 아침 우리는 너무나 쉽고 간단하게, 21세기의 인연들을 조금은 덜 낭만적이고 조금은 더 끈끈한 동네친구처럼 묶어버린 '소셜 네트워크'의 전신, 'MSN'에서 다시 만났다. 시티맨은 새벽부터 카오산의 숙소들을 모조리 뒤지고 다녔다며 울먹거렸다. 방콕에서의 마지막 날 새벽, 우리는 손을 잡고 탐마삿 대학의 일출을 보러 갔다. 방콕에서 처음 만났을 때 시티맨이 나를 데려온 그곳이다. 서로에게 반 발짝도 다가가시 못했던 그 때가 불과 석 달 전. 라오스를 거쳐 다시 여기로 돌아온 석 달 동안 수없이 전쟁과 평화를 거듭해오면서, 어느새 우리는 10년차 부부처럼 익숙해졌다. 그리고 내일 밤이면 한국에 있는 서로의 제자리, 각자의 집과 각자의 일터로 돌아간다. 그러고 보니 왠지 한국 땅이 방콕보다 더 낯설고 까마득하다.

　　"우리 여행 더 할까?"

　　"무슨 말이야?"

　　"나, 여행이라는 거 제대로 다시 해보고 싶어."

　　그토록 여행이 싫다던 시티맨이 웬일일까. 여행에 다시 도전해 보겠단다.

　　"왠지 단추를 덜 잠근 기분이야. 돌아가려니 찜찜해."

　　우리는 이 새로운 계획에 대해 오늘 하루 동안 각자 신중하게 고민해 보고 내일 아침에 결정을 내리기로 했다. 비행기 출발시간은 내일 밤이었다.

　　2010년 10월 31일 밤 11시는 인천 행 비행기에 타야할 시간이다. 그러나 우리는 그 시간 방콕의 라이브 재즈 바에서 태국 산 '싱하 맥주'를 마시고 있었다. 그 날 아침 우리는 각자의 결정을 적은 쪽지를 동시에 펴보았는데, 나란히 '여행'이라고 쓰여 있었다. 극과 극의 두 사람은 오랜만에 마음이 통했다는 게 너무 신기해서 기꺼이 항공권 두 장을 찢어버렸다. 이제 우린 방콕을 출발해서 캄보디아, 라오스, 중국을 거쳐 배를 타고 인천으로 귀국할 예정이다. 얼마나 걸릴지는 아무도 알 수 없었다.

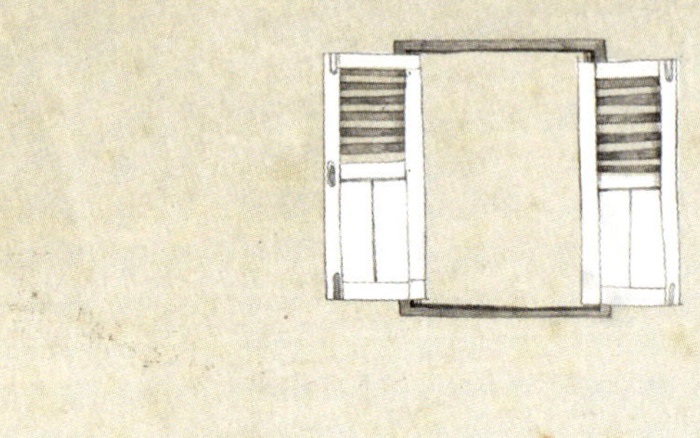

TODAY, the seventh moon of the seventh
year

'the seventh Star,'

TRAVEL TO LOVE

CAMBODIA

SIEM REAP, PHNOM PENH, SIHANOUKVILLE

4

캄보디아의 노을을 느껴라

EXPERIENCE THE SUNSET IN CAMBODIA

국경을 넘어봐야

여행을

안다

여행자, 그들의 가슴속에 휘파람을 불어주고
기꺼이 온몸을 낯선 길바닥에 내던지게
하는 그것은 '설렘'이라는 신기한 마법이다.
태국 국경으로 가는 버스 안에서 시티맨은 바로
그 '설렘'이라는 마법에 걸리고 있었다.
언젠가 시티맨이 대체 배낭여행이라는 게 뭐가
그리 특별하냐고 물은 적이 있었다.

“드디어 육로로 국경 넘기, 그걸 해보는 거야?”

여행자, 그들의 가슴속에 휘파람을 불어주고 기꺼이 온몸을 낯선 길바닥에 내던지게 하는 그것은 ‘설렘’이라는 신기한 마법이다. 태국 국경으로 가는 버스 안에서 시티맨은 바로 그 ‘설렘’이라는 마법에 걸리고 있었다. 언젠가 시티맨이 대체 배낭여행이라는 게 뭐가 그리 특별하냐고 물은 적이 있었다. 그 때 내가 이렇게 말했다. “육로로 국경을 넘어봐야 배낭여행이 뭔지 알 거예요.”

우리에겐 일행이 한 명 생겼다. 삽십대 후반의 한국여자가 혼자 캄보디아 국경으로 가는 버스에 앉아있었고, 나는 그녀를 보며 혼자 여행하던 시절을 떠올렸다. 이상하게도 그녀는 나에게 외로워 보였다. 나는 당황했고, 쓸쓸해졌다. 내가 다시 홀로 배낭을 멜 수 있을까.

방콕에서 캄보디아 국경까지 가는 카오산의 여행자 버스에는 재미난 규정이 있다. 전 세계 다양한 국적의 승객들 중에 오로지 한국인들만 열외를 당하는 놀라운 규정. 다른 사람들은 모두 1300바트(약 32달러)인데 한국인들만 300바트(약 7달러)이다. 왜냐하면 이 버스는 승객들에게 약간의 수수료를 받고 캄보디아 국경의 비자발급 서비스를 대행해 주는데, 오로지 한국인들만 그 서비스를 거부해온 것이다. 국경에서 직접 비자를 신청해서 받는 것쯤은 굳이 여행사에 맡겨야 할 만큼 어려운 일도 아니고, 그런 간단한 일에 수수료를 내는 것은 한국인의 정서(이 유별난 정서를 대체 어떻게 표현해야 할까)로서는 도저히 용납이 안 되는 것이다.

버스는 국경을 넘은 뒤에 일부러 시간을 끌어, 2시간밖에 안 걸리는 시엠리엡(Siem Reap, 세계적인 유적지 앙코르 와트가 있는 도시)에 해가 진 다음에 도착해서 버스회사와 연계된 숙소에 묵도록 유도한다. 이런 장삿속이 당차기로 소문난 한국 여행자들의 원성을 돋우었고, 잦은 시비가 귀찮아진 버스들은 ‘한국인 열외’ 규정을 만들어버렸다. 이제 한국인은 다른 사람들처럼 그냥 비자 서비스도 받고 시엠리엡까지 가겠다고 해도 카오산 여행사에서 받아주지 않는다.

이 얘기를 들려주었을 때 시티맨의 반응은 예상대로였다.

"역시 한국인이야! 대단해!"

태국의 국경도시 '아란야 프라텟(Aranya Prathet)'에 들어선 버스는 국경을 몇 킬로미터 앞에 두고 휑한 고속도로변의 어느 식당으로 들어갔다. 여행사 직원이 비자 서류를 준비하는 30분 동안 점심을 사먹으며 기다리라는 것이다. 앉아있던 시티맨에게는 드디어 본격적인 '한국인 열외'가 시작된 것에 대해 짜릿한 쾌감이 번져오기 시작했다. "저거야, 저거? 우리한테만 안 주는 거지. 큭큭큭." 그는 괜히 서류를 나눠주는 여행사 직원에게 가서 물어본다. "왓츠 댓? 기브 미!" 여행사 직원은 귀찮다는 듯 한국인은 빠지라고 얘기한다. "쟤네들은 대체 얼마를 더 내고 저걸 하는 거야? 우리만 안 하는 거 쟤네들 모르지? 내가 다 불어버려야지."

시티맨이 옆 자리에서 열심히 서류를 쓰고 있는 독일 남자에게 물었다.

"유어 버스 하우 머치?"

"1300바트."

"흐흐 아임 300바트! 캄보디아 비자 마이셀프 20달러! 돈 츄 노우? (우리는 300바트 냈지. 캄보디아 비자 직접 가서 받으면 20달러밖에 안 해. 몰랐지?)"

(※한국인; 버스비 300바트 + 비자 20달러(약 800바트) = 1100바트. 외국인; 1300바트를 냈으니까 버스비를 빼면 비자비를 25달러(약 1000바트)나 내는 셈.)

시티맨은 어떠한 연유로 한국인에게만 특별 선택사항이 주어졌는지 신나게 설명했고, 곧이어 다른 외국인까지 몰려와 시티맨의 이야기에 귀를 세우기 시작했다. 물론 그의 무지막지한 영어를 경청하려면 엄청난 수고가 필요했겠지만. 버스는 여지없이 우리만 국경 근처 길가에 내려놓았고, 우리는 웃으면서 국경출입국까지 걸었다. 그곳은 시티맨이 상상해온 국경의 모든 것을 완벽하게 재현하고도 남을 만큼 전쟁난민촌 같은 북새통이었다. 시티맨은 전쟁터에라도 뛰어든 양 신나게 태국 출국 소속을 밟았고, 캄보디아 국경에서 비자 수속까지 마쳤다. 그리고 유치원생들처럼 가슴에 보라색 스티커를 붙이고 줄 서있는 여행사 버스 승객들을 발견하고는, 여권을 흔들며 외쳤다.

"유 씨? 디스 이즈 20달러 캄보디아 비자!"

승객들은 웃으면서 엄지손가락을 치켜들었다.

"유 아 어 럭키 가이! 코리언 원더풀!"

국가 공인 택시 사기

"45달러!"

"40달러!

택시 호객꾼들이 우리에게 몰려왔다. 우리가 이미 방콕에서 조사한 택시비는 35달러. 그러나 캄보디아 정부를 등에 업은 택시회사가 택시비를 45달러로 통제하고 있다는 소문도 나돌았다. 이럴 땐 느긋하게 상황을 주시할 필요가 있다. 그 때 한 남자가 외쳤다.

"35달러!"

그는 가슴에 '관광 안내'라는 명찰을 달고 있었다. 남자는 35달러에 우리 셋을 시엠리엡까지 데려다줄 것이며 10분만 기다리면 택시가 올 거라고 했다. 그런데 또 다른 남자가 나타나 "저 남자가 뭐라고 하던가요?"라고 물었다. 두 번째 남자의 가슴에는 또 다른 '관광 안내' 명찰이 달려있었다. 그곳은 택시 스탠드가 아니라 버스터미널로 가는 무료서틀버스 정류장이니, 저 남자의 말을 믿지 말라는 것이다. 그는 무료셔틀버스에 손님을 태우는 일을 진두지휘하고 있었다. 버스터미널까지 공짜로 셔틀버스를 타고 가면 거기에 정부 공인 택시들이 관광객들을 기다리고 있으며, 택시비는 똑같다고 했다.

"제 명찰을 잘 봐요. '정부 공인' 마크가 찍혀 있죠?"

나는 '정부 공인'을 믿어보기로 했다. 우리는 두 번째 남자에게 "땡큐!"를 외치고 첫 번째 남자에게 등을 돌린 채 무료 서틀버스에 올랐다. 그런데 버스가 출발하기 전 갑자기 문제의 첫 번째 남자가 함께 올라탄다. 나는 이 남자, 역시나 끈질긴 사설 호객꾼 이군, 이라고 확신했다.

"넌 왜 따라 탔니?"

남자는 내가 묻는 말에는 대답도 없이 퉁퉁 부은 얼굴로 이렇게 말했다.

"너는 이렇게 가버리면 그만이지만 나는 하루종일 손님을 찾아도 2달러도 못 번단 말야."

무료 서틀버스는 30분을 달려 텅 빈 고속도로 위에 홀로 위풍당당하게 서 있는 최신식 장거리 버스터미널에 도착했다. 그리고 곧이어 청천벽력 같은 사실을 알게 되었다. 버스터미널 안에 있는 '그 놈의 정부 공인' 택시 티켓 판매 창구에는 '1인당 12달러'라고 쓰여 있었으며, 몇 명이 타든 무조건 택시 한 대에 48달러를 맞춰 내야 한다고 했다. 그러니까 조금 전 국경 앞에서 35달러에 탈 수 있었던 택시를 여기서는 48달러에 타야 한다. 소문으로 들었던, 정부를 등에 업고 택시시장을 독점해서 가격을 통제한다는 그 못된 세력에게 우리가 당한 것이다.

"그러니까 아까 내 말을 믿으랬잖아."

여기까지 우리를 따라온 남자가 약을 올린다.

"무료 서틀버스 타고 국경으로 돌아가자. 35달러에 다시 택시 잡아줄게."

상황을 전해들은 시티맨이 불같이 화를 내며 고래고래 소리를 지른다. 당장 국경으로 돌아가서 그 사기꾼을 요절내자는 것이다. 아마 나 혼자였다면 (나도 만만찮게 '욱'하는 기질이라) 당장 국경으로 되돌아가 그 남자에게 따지고 들었을지도 모른다. 그러나 우리를 믿고 따라온 또 다른 일행이 있었고, 냉정하게 생각하면 13달러 때문에 이 무거운 배낭을 다시 메고 30분이나 걸리는 국경으로 되돌아간다는 건 어처구니없는 짓이다. 그런데 이 남자, 부탁도 안 했는데 우리를 도와주겠다고 나선다.

"그럼 이런 방법이 있는데, 너희 세 명이 뒷자리에만 앉아가는 걸로 해서 좀 깎아볼게."

시티맨이 씩씩거리고 있는 사이에 나는 남자와 함께 티켓 창구에 갔다. 남자가 먼저 캄보디아 말로 무언가 설명을 했고, 나는 40달러 이상은 깎아줄 수 없다는 아저씨에게 '외국인 여자'라는 장점을 십분 발휘하여 겨우 38달러까지 깎는데 성공했다. 그런데 얄밉게도 우리에겐 그곳에 있는 택시들 중에서 가장 낡아빠진 택시가 배당되었다. 나는 퍼뜩 여기까지 따라와서 아무것도 얻지 못하고 우리 택시비 깎는 것만 도와주고 만 남자가 생각났다. 감사의 팁이라도 주기 위해 달려갔으나 이미 남자는 보이지 않았다.

"미안하네. 그 남자 하루종일 2달러밖에 못 번다고 했는데."

시티맨은 단단히 골이 났는지 한 마디도 안 한다. 씨엠리엡에 도착할 때까지 그는 그 상태로 입을 꾹 다물었고, 택시 뒷자리엔 2시간 내내 무거운 긴장감이 감돌았다. 그리고 드디어 폭발의 순간이 왔다. 분명 우리가 예약해둔 숙소까지 데려가주겠다고 약속했던 택시 운전사가 범죄의 냄새가 풍기는 야릇한 골목 안의 어느 집 안에 쑥 들어가 버린 것이다.

"대체 뭐얏! 여기가 어디야?! 당장 얼스워커(Earth Walkers, 우리가 예약해둔 숙소 이름)로 가란 말얏!"

시티맨의 고함소리에 나도 놀라고 내 옆의 일행도 놀라고 택시 운전기사는 너무 놀란 나머지 다리까지 휘청거렸다. 그 순간 내가 택시비를 깎기 위해 애걸복걸하고 있을 때 시티맨이 "대체 상황이 어떻게 돌아가는 거야?"라고 물었던 게 생각이 났다. 그는 아무것도 해결할 수도, 끼어들 수도 없는 상황에서 내가 무언가 부탁하고 사정하는 모양에 부아가 치밀었던 것이다. 그제야 나 혼자 하는 여행이 아님을 깨달았다. 문제를 얼마나 잘 해결해내느냐보다 그와 함께 머리를 맞대고 해결해나가는 과정이 중요했던 것이다. 나는 시티맨의 손을 잡고 싶었다. 그러나 그는 이미 핵분열에 돌입한 원자력발전소처럼 통제 불능 상태에 진입해 있었다.

"헤이, 손님, 진정해. 바로 옆이 얼스워커야."

"거짓말 하지마! 얼스워커가 이 따위 골목에 있을 리가 없어!"

어, 그런데 택시 운전사가 가리킨 곳에는 정말로 '얼스워커스'라는 간판이 달랑거리고 있었다. 그리고 시티맨의 쩌렁쩌렁한 고함소리가 거기까지 울렸는지 월스워커스의 매니저가 달려 나왔다. 그 순간 시티맨의 핵연료 봉이 식어버렸다.

"어, 진짜 있네. 쏘리……."

"국경 넘기 별 거 아니네?"

나의 국경 넘기 모험담을 귀가 따갑도록 들어왔던 시티맨은 깨끗하고 반듯반듯한
캄보디아의 국경도시 포이펫에 시큰둥하고 말았다.

"뭐 좀 짜릿한 거 없어?"
그러나 실망은 금물이다.
거기서부터 시엠리엡까지 가는 길은
새로운 모험을 예고하고 있었다.

សេង លីដា
លក់គ្រឿងសង្ឈ្ឈៈគ្រប់មុខ
SENG LYDA (Kralanh)
Angkor
2C-6061

그러나 이미 혼비백산한 우리의 일행은 날도 어두워지기 시작했으니 얼스워커스에 함께 묵자는 우리의 제안을 뿌리치고 도망치듯 '안녕'을 외치며 사라져버렸다. 아, 나도 한때는 그녀처럼 그 누구의 눈치도 보지 않고 자유롭게 떠나던 시절이 있었는데. 나는 그녀에게 평생 성질 포악한 남편한테 쩔쩔매며 사는 여자로 기억될지도 모른다.

설득은 비생산적이다

"이런 게 육로로 국경 넘기야? 여행을 알기는 개뿔!"

"아 당신 때문에 나 완전 바보됐잖아!"

얼스워커스에 도착한 첫날 밤, 우리는 둘 다 다른 얘기를 하며 미친 듯이 소리를 질러댔다.

"내일 아침에 나 찾지 마. 눈 뜨자마자 그 놈 잡으러 갈 테니까."

"맘대로 해! 내가 왜 당신한테 쩔쩔매며 살아야 해?"

시티맨은 내가 왜 화가 났는가에 대해서는 전혀 관심이 없었다. 밤새도록 잠도 자지 않고 이를 부득부득 갈았다. 그리고 다음 날 아침이 밝자마자 벌떡 일어나 또다시 소리쳤다.

"나는 당하고는 안 살아. 한국인에게 사기를 치면 어떻게 되는지 보여줄 거얏!"

그제야 나는 그의 '화병(火病)'이 심상치 않다는 걸 알고 조금 물러섰다. 생전 처음 이런 걸 당해보는 기분이 어떠한지는 나도 잘 안다.

"원래 여행이라는 게 이런 거 저런 거 당해보고 뭐 그런 거예요."

그리고 보니 마음 비우는 법을 배우는 것도 여행이구나 싶다.

"잘못된 건 참는 게 아니야! 바꿔야지!"

시티맨은 태국 국경의 '한국인 열외'에서 느꼈던 감동을 잊지 못한다. 그에겐 그것이야말로 한국인의 저력이었다. 한국인은 잘못된 걸 참지 않는다. 전 세계 237개국의 국민들이 고스란히 당하는 걸 한국인만은 당당하게 맞서 싸운다. 이제 시티맨이 나설 차례다. 캄보디아의 잘못된 택시 시스템을 통째 바꿔놓지는 못하더라도 정부를 등에 업고 사기 치는 못된 놈만큼은 혼쭐을 내주어야 한다. 그래야 다른 한국인이 피해를 당하지 않을 게 아닌가.

"시티맨 말이 맞아. 하지만 외국에서 겪는 모든 일에 일일이 다 화를 내면 여행을 할 수가 없어."

"그럼 알고도 모르는 척 하란 말이야? 잘못된 건 가르쳐줘야지!"

그러나 여행자에게 그럴 자격이 있을까. 여행자는 이방인이다. 엄밀히 말해 이방인은 배우는 사람이지 가르치는 사람이 아니다. 낯선 것, 불편한 것, 불합리해 보이는 것, 잘못 되었다고 가르쳐주고 싶은 것, 그 무엇이든 간에 이방인의 몫은 나와 다른 삶의 지점들을 있는 그대로 '발견하고 이해하는 것'이 아닐까.

우리 둘 모두에게 통하지만 또 다르게 통하는 발터 벤야민의 말이 있다. '설득은 비생산적이다.' 이번 여행을 하는 동안, 이 말만큼 사무치게 우리의 가슴을 후벼낸 명언이 없었다.

"그냥 확! 연좌제 적용해 버려?"

"뭐라고요?"

"한국에 가면 캄보디아 사람 누구라도 나한테 걸리면 다 죽었어!"

"으이그?! 그 사람들이 무슨 죄라고 당해?"

"무슨 죄는 무슨 죄? 캄보디아에 태어난 죄지! 이에는 이! 당하면 똑같이 되갚아 줘야 하는 거야!"

"정말! 시티맨을 설득하는 건 비생산적이야!"

"그래! 그 말 좋다! 설득은 비생산적이야! 캄보디아 사람은 설득이 필요 없어! 이제 캄보디아인들은 나한테 걸리면 몽땅 다 죽었어!"

앙코르와트를
보는

법

툭툭 편대가 달려가는 목표지점,
그곳엔 죽기 전에 한번은 보아야 한다는
고대인의 기적적인 건축물
'앙코르 사원'이 있다.
그러나 목표물은 앙코르 사원이 아니라,
'그것'이다.

여기가 과연 대한민국에서 수만 킬로미터 떨어진 캄보디아 땅일까. 시엠리엡은 더 이상 캄보디아의 도시가 아니다. 놀랍게도……, 대한민국 특별자치구역이다.

몇 년 전 한국에 캄보디아의 부동산 붐이 일었던 적이 있다. 아시아나항공과 대한항공이 시엠리엡으로 직항 편을 띄우기 시작했을 무렵이었다. 한국의 여행사들마다 경쟁적으로 앙코르와트 단체관광 상품을 팔기 시작했고, 방콕에서 하루를 꼬박 고생해야 닿을 수 있는 배낭족들만의 오지였던 그곳이 할머니 할아버지들까지 가벼운 주말여행을 다녀올 수 있는 근거리 여행지로 급부상해버렸으며, 시엠리엡 도시 전체에 갑자기 '코리언 붐'이 쓰나미처럼 밀어닥쳤다. 우리가 한국인이라고 하면 캄보디아 사람들은 이렇게 묻는다.

"무슨 사업하러 온 거야?"

"아니, 우리는 여행 중인데."

"왜? 너네도 사업해봐. 여기 와서 돈 많이 번 한국인들 많아."

어느 날부터 갑자기 이 도시에 몰려온 한국인들은 호텔을 짓고 식당과 여행사를 열더니, 곧이어 도로를 닦고 아파트와 상가를 지어올리고 백화점과 슈퍼마켓까지 점령해 버렸다. 한국식품이 가득한 대형마트 안에서 놀랍게도 한국에서보다 더 싼 값의 라면, 담배, 소주 등을 발견할 수 있다. 시엠리엡 시내 중심가에는 '한국인을 위한 은행'까지 생겼다. 아마 이 도시에 온 외국인들은 한국어 글자들이 캄보디아 글자라고 생각할 것이다. 캄보디아어 간판보다 한국어 간판이 더 쉽게 눈에 띄니 말이다.

시엠리엡이 세계적으로 유명해진 것은 세계 8대 불가사의로 꼽히는 9~15세기 크메르인의 초대형 유적지 '앙코르 사원(Temples of Angkor)' 덕분이다. 앙코르 사원이 캄보디아 전체 국민을 먹여 살린다고 할 만큼 세계적인 명성을 얻고 있다. 그러나 지금 앙코르 사원은 이역만리 캄보디아 땅에서 한국인을 먹여 살리고 있는 것 같다.

"한국인이 여기 물가를 다 올려놨어."

우리가 머물고 있는 얼스워커스의 매니저 푸띠의 말이다. 한국인들은 주말마다 수백 명이 단체로 몰려와 '툭툭'을 대절하고, 식당에서 하루 세 끼를 먹어치우고, 시내 백

화점에서 쇼핑까지 하는데 그 모든 게 단 며칠 만에 속전속결로 이뤄진다. 이 도시 관광업은 모두 그들이 쓰는 돈을 따라갈 수밖에 없다. 시엠리엡에 사는 캄보디아인들도 자연스럽게 개별적으로 찾아오는 다른 외국인 여행자들보다 한국인 단체관광객을 잡는 일에 열을 올리게 되었고, 한국 여행사나 한국인 가이드를 상대하는 비즈니스가 가장 중요한 일이 되어버렸다.

"숙박비, 택시비, 밥값 다 엄청나게 올라버렸는데 그게 다 중간에서 폭리를 취하는 한국 여행사들 때문이야."

이제 이 도시는 더 이상 배낭족에게 사랑받는 영예를 누리지 못한다. 이 놀라운 저력의 한국인이 남의 나라 외국인 여행자들까지 몰아내고 있는 셈이다.

"시티맨이 꿈꾸는 도시야. 자랑스러운 한국인이 싹 쓸어버렸잖아?"

"고럼, 고럼."

그러나 시티맨은 뭔가 개운치가 않다. 그는 지금 피해를 당하는 쪽의 배낭족 신분인 거다. 푸띠가 뜬금없이 시티맨의 등산화를 뚫어지게 쳐다보더니 얼마짜리냐고 묻는다.

"이거? 좋은 거야. 3백 달러는 줬을 걸."

시티맨은 자신의 소중한 등산화에 관심을 가져준 것에 대해 기분이 좋아져서 천진난만한 아이처럼 헤헤거린다.

"나도 그런 거 신어보고 싶어."

그러나 푸띠가 진지하게 말하자 시티맨이 멈칫한다. 그러고 보니 캄보디아에는 구두나 운동화를 신는 사람이 거의 없다. 푸띠도 검은색 슬리퍼를 신고 있었고, 이곳 사람들 대부분이 슬리퍼나 샌들을 신고 다닌다. 더운 날씨 때문만은 아닐 것이다.

"내 건 어제 중고로 1달러 주고 산 거야. 여기선 이것도 좋은 거야."

푸띠가 자신의 슬리퍼를 가리키며 웃었다. 시티맨은 겸연쩍은 얼굴로 방으로 돌아오더니 이렇게 중얼거렸다.

"거, 껄쩍지근하구만."

새벽 5시 '그것'의 격전장

'그것'을 보기 위해서, 우리는 아침밥도 포기하고 무거운 어둠이 깔린 골목으로 달려 나갔다. 얼스워커스 전속 툭툭 기사 타오가 늦었다며 우리를 재촉한다. 수도인 프놈펜보다 더 유명한 세계적인 관광도시, 시엠리엡은 새벽 5시부터 전쟁을 치른다. 캄보디아인들이 아직도 이불 속에 있는 이 시간에 거리로 뛰쳐나오는 이들은 모두 관광객이다.

관광객을 실어 나르는 툭툭(동남아 지역의 엔진이 달린 모토 인력거. 엔진에서 나는 '툭툭' 소리 때문에 붙여진 이름)들이 골목마다 '툭툭' 튀어나오며 어느 한 곳을 향해 뻗어있는 4차선 대로에, 전장으로 달려가는 탱크부대처럼 '툭툭 편대'를 만들기 시작한다. 평균 10년은 넘은 툭툭의 엔진들이 한꺼번에 돌아가는 소리는 그야말로 전쟁터를 방불케 한다. 시엠리엡의 주민들은 아마 매일 아침 이 소리를 자명종 삼아 깨어날 것이다.

툭툭 편대가 달려가는 목표지점, 그곳엔 죽기 전에 한번은 보아야 한다는 고대인의 기적적인 건축물 '앙코르 사원'이 있다. 그러나 목표물은 앙코르 사원이 아니라, '그것'이다.

"오늘은 어디에서 볼 거야?"

우리는 이미 이틀 동안 '그것'을 보는데 실패했다. 그것은 쉬이 자신을 보여주지 않는다. 날씨는 맑으면서도 은은한 구름을 품고 있어야 하고, 시야를 확보할 수 있는 적당한 높이와 방향에 그것과 딱 어울리는 무언가가 필요하다. 오늘은 그 '무언가'를 '프놈 바켕(Phnom Bakheng)'으로 결정했다. 프놈 바켕은 초기 앙코르의 힌두사원으로, 그 유명한 '앙코르와트(Angkor Wat)' 서북쪽의 높은 언덕 위에서 앙코르와트를 내려다보며 서 있다.

툭툭 주차장에는 서둘러 온 관광객들이 웅성거리고 있었고, 동쪽하늘은 벌써 파랗게 밝아오기 시작했다. 손전등을 켜고 언덕으로 오르는 좁은 산길로 뛰어들었다. 마지막 난코스는 높고 가파른 계단이다. 프놈 바켕이 지어진 9세기에는 인간은 감히 넘

시엠리엡 시내에서 가장 유명한
'카페 거리'.

'공짜 와이파이'와 '생맥주 한잔 50센트'라는 안내판을 어디에서나 볼 수 있다.

볼 수 없는, 오직 신만이 오를 수 있는 계단이었다.

"앗! 저기"

정상에 오르기도 전에, '그것'은 벌써 온몸을 서서히 드러내고 있었다.

앙코르 사원은 반경 30여 킬로미터에 흩어져있는 수십 개의 건축물들로 이루어졌다. 그 중에서 12세기에 지어진 '앙코르와트'는 가장 유명한 사원이다. 새벽 5시에 달려 나가는 툭툭 편대의 대부분은 이 앙코르와트에 도착하고, 관광객들은 모두 카메라를 들고 사원 앞의 거대한 인공연못 앞으로 뛰어간다. 그들의 카메라 뷰파인더에는 모두 똑같은 한 장면, 이른 새벽 막 떠오르는 붉은 빛이 깔려있는 연못물에 앙코르와트의 5개 탑이 한 폭에 너울거리고 있다. 이른 새벽 관광객들의 격전장, 이 도시에 도착한 이들이 모두 잠을 설치며 보고자 하는 '그것'은 바로 '일출'이었다.

우리는 첫날부터 늦잠을 자느라 이 중요한 일출 포인트를 놓쳐버렸다. 둘째 날 남들보다 서둘러 앙코르와트로 달려갔으나 이번엔 흐린 날씨 때문에 포기해야 했다. 그리고 드디어 셋째 날, 이미 앙코르와트의 관광 전쟁에 지쳐버린 우리는 차라리 역주행을 감행키로 했다. '일몰 포인트'라고 알려진 프놈 바켕에서 일출을 보는 대담한 시도를 한 것이다. 우리의 결정은 훌륭했다. 저 너머 앙코르와트의 소란마저 잠재우는 새벽의 고요가 장엄하게 깔려 있었고, 드문드문 앉아있는 몇 명의 관광객들만이 해가 떠오르는 동쪽하늘을 지켜보고 있었다. 일출의 붉은 빛에 돌기둥들이 빨려들자 다섯 개의 석탑에 숨어있던 천 년이란 시간이 검고 뚜렷한 실루엣을 새벽하늘에 드러냈다. 우리는 마침내 '그것'을 보았다.

한 커플이 저편에서 키스를 하기 시작했다. 그러나 그곳에선 키스마저 경건하기 그지없었다. 그 때 갑자기 프놈 바켕 꼭대기 사당에서 유난히 정성스럽게 기도를 올린 한 남녀가 가장 태양빛이 가까이 내려앉는 곳에 이상한 동작으로 자리를 잡았다. 한 사람은 푸쉬업 준비자세처럼 엎드렸고, 한 사람은 해돋이를 움켜쥐려는 듯 손을 뻗은 채 한쪽 다리를 전갈처럼 들어올렸다. 두 사람은 오직 그들만이 보고 들을 수 있는 특별한 계시를 받은 듯 천천히 온몸을 요상하게 뒤틀며 체조를 시작했다.

"으하하하!"

그 엄숙한 순간에, 왜 나는 웃음이 나버린 걸까. 시티맨은 이제야 살겠다는 듯이 긴장을 풀고 온몸을 쭉쭉 뻗으며 일어났다.

"에잇! 저까짓 일출 내가 발로 차버리겠어!"

나는 웃으며 카메라를 들었다. 태권도 선수 출신 시티맨이 두 주먹을 불끈 쥐고 자랑스러운 롱다리를 힘차게 차올렸다. 시티맨의 발끝에서 앙코르의 아침 해가 '뻥!' 하고 터졌다. 눈부신 빛이 산 너머 넓은 벌판으로 산산이 흩어진다. 일출의 격전장에 평화가 왔다.

일출은 왜 아름다울까

"그게 왜 아름다운데?"

앙코르 사원의 해돋이가 아름답다는 것에 대해서 다른 모든 관광객들처럼 한 번도 의심을 품어본 적이 없던 나에게, 최초로 의미심장한 질문을 던진 이가 있다. 바로 이 분, 시티맨이다. 나는 그 때까지 해가 뜨고 지는 자연의 아름다움이란 유사 이래 전 인류가 만장일치로 합의한 가치, 혹은 인간이 본능적으로 느끼는 감각이라고 믿고 있었으므로 어안이 벙벙해졌다. 그래서 어이없는 질문을 되던지고 말았다.

"당신은 왜 저게 아름답지 않은데?"

"다른 사람들은 다 저걸 보고 아름답다고 느끼는 거야?"

"응. 저기 봐. 저거 보려고 다들 몰려와서 난리잖아."

"그럼 왜 나만 그 걸 못 느끼는 거지? 내가 이상한 건가?"

"응. 이상해."

시티맨은 살면서 단 한 번도 무언가를 머리 빠지게 고민해 본 적이 없다고 했다. 그가 늘 외치는 말이 있다. "인생 뭐 있어? 인생은 '심플'이여!" 그러나 엄청난 철학적 문제가 생애 최초로 그에게 던져졌다. 그는 드디어 인생을 통틀어 근처에도 가보지 않았던 '철학'이라는 걸 하려고 한다. '일출이 왜 아름다운가'에 관한 거대한 사유의 늪 속에 진입한 것이다.

그러나 시티맨의 철학적 발견은 나에게도 엄청난 것으로 다가왔다. 나 역시 생애 처음으로 일출이 왜 아름다운가에 관한 어려운 문제에 봉착했다. 답은 이렇게 유추해 볼 수 있다. 무엇이 아름다운가 아닌가는 인류 공통의 가치도 인간의 본능도 아닌, 취향의 문제이다. 취향은 학습되는 것이다. 일출을 아름답다고 느끼기 위해서는 먼저 일출을 아름답게 보는 법부터 배워야 한다. 그리고 굳이 배우지 않아도 상관없다. 그 것도 취향이기 때문에.

일출을 보는 취향이 중요해지기 시작한 것은 언제부터였을까. 생각해보니 그 것은 인상파의 대표작 모네의 '해돋이 인상'이 탄생한 19세기부터인 것도 같고, 디카가 모든 관광객들의 손에 쥐어진 21세기부터인 것도 같다. 여행자는 떠나기 전부터 어디에 있는 무엇이 얼마나 아름다운지, 남들이 찍은 사진을 들여다보며 배우기 시작한다. 앙코르와트를 찾아간 이들은 남들이 찍은 사진과 똑같은 장면을 다시 자신의 디카로 찍는다. 눈으로 보고 가슴으로 느끼고 사진으로 담는 것까지, 취향에도 매뉴얼이 만들어졌다. 내가 아름다움을 보고 느끼는 방식, 여행을 즐기는 취향도 마치 공장에서 똑같이 찍어내는 기성품의 패션 감각과 비슷해진 셈이다. 나는 인정해야만 했다. 합의된 아름다움의 가치란 없다. 일출의 아름다움에 반기를 드는 시티맨의 취향은 신선하다.

그러나 나의 취향은 어찌할 수 없이 해가 뜨고 지는 그 아련한 빛깔에 감동하고, 집착한다. 게다가 지난 10여 년간 유럽, 아시아, 아프리카에 이르기까지 일출과 일몰 사진은 나의 소중한 컬렉션이다. 그놈의 일출에 왜 그렇게 안달복달이냐며, 새벽부터 나의 일출 보기 소동에 정신없이 휘말린 시티맨이 뜻밖에 진지한 말을 했다.

"인간이 만든 것도 자연이 허락해야 되는 거여."

"응?"

"앙코르와트는 옛날 옛적 인간들이 만든 곳이지만 지금 현대의 인간이 이곳을 보려면 (날씨를 다스리는) 자연의 허락을 받아야 해. 고로, 이 도시를 만들었던 고대의 사람들은 자연의 허락을 받은 이들이었던 거지."

PRE RUP
THE WORD FAMOUS SUNSET SPOT
IN ANGKOR TEMPLE

the seventh Month of the
year

지금 이 말씀, 자연 혹은 신의 허락을 받은 자만이 도시를 건설할 수 있다는 뜻? 천지가 개벽할 일이다. 21세기 도시 문명의 파수꾼 시티맨, 오로지 도시 건설의 기치를 가슴에 품고 문명의 최선봉에서 불도저처럼 달려 나가던 그가 자연의 섭리에 고개를 끄덕이다니! 시티맨이 철학을 시작하더니, 그의 내부에 폭풍이 일고 있는 것일까.

이야기를 듣는 법

나는 이야기하는 걸 좋아한다. 영화 본 것, 책 읽은 것, 누구랑 만나서 얘기했던 것, 그냥 길 가다가 보고 들은 시시콜콜한 사건들도 뭔가 수다거리를 건졌다 싶으면 나름의 레시피로 요리조리 버무려서 얘기해주는 걸 좋아한다. 친구건 애인이건 단 한 번 소개팅 한 남자건 나의 얘기를 싫어한 사람은 단 한 명도 없었다. 그러나 이 남자는 정말 이상하다. 내가 얘기를 쏟아낼 때마다 뾰족한 눈썹에 더욱 각을 세우고 딴 얘기를 한다.

"오늘 점심은 뭐 먹을까?"

"내 얘기 듣기 싫어요?"

"아니……. 열심히 다 들었는데."

"그럼 반응이 있어야죠. 이 정도 포인트에서는 웃어줘야 하는데 안 웃겨요? 재미없어요?"

"아니 꼭 웃어야 하는 거야?"

나는 몹시 비위가 상했다. 마치 시청률 떨어질 대본 썼다는 말을 들은 것 같기도 하고.

"그런 게 왜 재밌어야 하는데?"

"당신 말고는 다 재밌다고 하니까!"

'앙코르와트'는 그 시대 사람들이 생각하던 우주를 건축물로 표현한 것이라고 한다. 사원의 꼭대기 탑은 우주의 중심인 메루산이고, 외벽은 세상 끝을 둘러싼 산맥이며, '해자'라고 부르는 성벽 둘레의 인공연못은 우주의 바다인 것이다. 겹겹이 둘러쳐진 벽에는 우주와 지구의 탄생에 관한 힌두교 신화가 부조로 표현되어 있는데, 이 중에 1층의 동쪽 제1회랑의 '유해교반(乳海攪拌, 젖의 바다 휘젓기)' 부조가 가장 유명하다.

"힌두교에선 선과 악을 같은 등급으로 보나 봐. 선은 좋은 거고 악은 나쁜 거라고 말하지 않잖아."

유해교반 신화는 이러하다. 지구가 만들어지기 전의 우주에는 선과 악이 함께 살고 있었는데 그 둘은 매일 싸움을 일삼았다. 중재에 나선 신들의 왕이 선과 악이 함께 힘을 모아 거대한 '젖의 바다'를 저어서 불로장생의 묘약 '암리타'를 찾자고 했고, 선과 악이 천 년 동안 함께 젖의 바다를 열심히 저어가는 동안 바다에선 거품이 생겨나고 그 거품 속에서 지구의 온갖 생명체들이 탄생했다. 물론 암리타가 나타나자마자 선은 냉큼 악을 해치워 지옥으로 보내버렸다. 인간과 지구가 탄생하기 위해서는 '선'과 '악'이 똑같이 필요했으며, 선 역시 애초에 악과 싸움을 일삼아 신의 화를 돋운 존재였다는 점이 재미있다. 내가 열을 올려 이야기하는 동안 시티맨은 조용하게 듣고 있었다, 아니 듣고 있는 줄 알았다.

"그거 신화라며? 다 지어낸 이야기잖아. 이야기는 다 거짓말 아냐?"

"지어낸 이야기지만 그 시대를 살았던 옛날 사람들의 가치관과 생각들이 녹아있겠죠."

"어디까지가 진짜고 어디까지가 가짠지 어떻게 알아?"

아니, 내 평생 이런 뚱딴지같은 '딴지'는 처음이다. 이 남자는 자기 귀에 거슬리는 단어 몇 개만 집어내어 시비를 건다.

"그거 과학적으로 증명된 얘기야?"

수학처럼 답이 딱딱 나오지 않는 이야기를 못 견디는 백퍼센트 '이과' 출신 시티맨이 또 정답을 내놓으란다. 그러나 '문과' 출신으로서의 남다른 열의와 상상력을 발휘하여 이야기를 쏟아놓았던 나는 완전히 빈정이 상해버렸다.

"그럼 거짓말투성이 앙코르와트를 왜 보고 있는 거예욧?"

한국 남자는 마흔이 넘으면 '귀머거리'가 되고, 쉰이 넘으면 '벙어리'가 된다더니, 정말 말귀를 못 알아듣는다. 남의 말은 들으려 하지 않고 자기 말만 하고 산다. 그러나 자기 하고 싶은 말도 제대로 표현을 못 하니까 벙어리다. 속으로 이런 생각을 하면서 나는 점점 부아가 치밀어 버럭 소리를 지르고 말았다.

"당신은 듣는 법을 몰라!"

"듣는 법이 뭔데?"

"남의 얘기를 어떻게 들어야 하는지를 모르잖아! 여기가 무슨 논문 발표하는 곳도 아니고, 그냥 앙코르와트 보러 와서 이것저것 생각난 것 얘기하는 것뿐인데, 그게 맞는지 아닌지 증명해보라고 딴지나 걸면 무서워서 어디 얘길 하겠어욧?"

아, 그런데 이 남자 또 전혀 딴 얘기를 한다.

"종교? 학문? 문학? 나 그런 거 몰라! 남한테 피해 안 주고, 잘 살면 되는 겨. 그럼 되는 겨!"

"평소에 남의 얘기 안 듣죠?"

"이런 얘길 하는 사람이 있어야지."

"아냐, 남들이 얘길 해도 안 듣고 자기 말만 한 거야."

"……."

"시티맨은 진짜 이상해."

나의 이 말이 일격을 가했다. 시티맨은 또 '내가 이상한가?'를 되뇌며 철학자 모드로 돌아갔다.

영어 앞에 흔들리는 신념

"미노야, 저, 있잖아, 그게……."

시티맨이 무슨 말을 하려고 안 어울리는 뜸을 들이며 머뭇거리는 걸까.

"빨래말야, 한 번에 2.5달러가 아니라, 옷 하나에 0.25달러였어."

시티맨이 어울리지 않게 쩔쩔매고 있다. 그는 어제 얼스워커스에 빨래서비스를 맡기고 와서 빨래 한 번에 2.5불밖에 안 한다며 좋아했었다. 그래서 있는 빨래 없는 빨래를 몽땅 끄집어내어 맡겼었다. 그러나 오늘 빨래를 찾으러 갔더니 4달러나 달라고 하더란다.

"옷 하나를 빨래 한 번으로 잘 못 알아들었어."

남의 말 제대로 안 듣고 맘대로 해석해버리니까 그렇지, 라며 나는 고소해 했다. 그런데, 시디맨의 표정이 심상치 않다.

"영어를 못하면 여행을 못하는 건가?"

사소한 사건 하나에 시티맨의 자신감이 사라졌다. 이제 시티맨도 여행을 하려면 영어가 필요하다고 느끼는 걸까. 갑자기 너무 많은 변화를 강요당하면 시티맨도 주눅이 드는 걸까. 측은한 생각이 들었다.

"에잇! 이제 영어로 하는 건 미노가 다해! 나는 그런 거 안 할래!"

역시 시티맨의 결론은 단순하고 빠르다. 그는 더 이상 생각하기 싫다는 듯 머리를 툴툴 털어내고 얼스워커스의 시원한 수영장 안으로 풍덩 뛰어들었다.

지붕에

누워

톤레삽
호수
건너기

하늘 아래 호수 위 뜨거운 태양과 습기 찬 바람에 온몸과 영혼을 내맡긴 채,
십여 명의 여행자들이 배낭을 베고 나란히 누웠다. 배가 항로를 향해 뱃머리를 돌리자 하늘이 '빙' 돌아간다.
시엠리엡의 구름들이 너풀너풀 물러나고 우리는 프놈펜의 하늘을 향해 달리기 시작했다.

태국에서 캄보디아를 거쳐 베트남까지 여행하는 사람들에게는 잘 알려진 코스가 있
다. 태국의 방콕에서 캄보디아 국경을 넘어 앙코르와트가 있는 시엠리엡, 수도인 프놈
펜을 거쳐 베트남 남부의 호치민으로 들어가는 것이다. 이 코스에는 버스 노선이 잘
발달되어 있다. 시엠리엡을 떠나는 우리의 다음 코스도 프놈펜이다. 그러나 우리는 저
렴하고 빠른 버스 대신에 비싸고 멀리 돌아가는 배를 택했다. 아시아 최대의 호수이자
세계 최대의 수족관으로 알려져 있는 톤레삽 호수를 건너기 위해서였다.

나에겐 캄보디아에 대한 두 가지 로망이 있다. 지구 저편의 까마득한 옛 시간을 불
러들이는 노을, 그리고 톤레삽 호수를 건너는 '지붕 위에 누워가는 배'이다. 8년 전 그
토록 나를 감동시킨 그 두 가지는 지금까지 나를 여행자로 살게 하는 이유가 되었다.

"침대열차도 타보고, 걸어서 국경도 넘어보고, 이제 배도 타보는 거야? 으하하하!"

이미 앙코르 사원에서 내 로망을 위한 좌충우돌에 지친 시티맨, 툴툴댈 줄 알았더
니 의외로 신이 났다. 우리는 해가 뜨기도 전에 시엠리엡에 작별을 고하고 선착장까지
데려다 줄 봉고차를 맞이했다. 그러나 배낭여행자가 가는 길엔 어디나 예외 없이 '진
한' 생고생이 기다리는 법. 봉고차의 문이 열렸다. 이미 조금의 틈도 없이 빽빽하게 앉
아 있는 사람들이 일제히 당황한 얼굴로 우리를 쳐다본다.

"빨리 타! 빨리!"

앞좌석의 할머니가 창밖으로 얼굴을 내밀고 영어인지 캄보디아어인지 알 수 없지
만 거부할 수 없는 명령조로 우리를 재촉한다. 어디에 앉아야 될지 몰라 머뭇거렸더니
할머니는 앉아있는 사람들의 엉덩이를 툭툭 밀며 제일 뒷좌석 한가운데 내 엉덩이 반
쪽만큼의 공간을 만들어준다. 우리가 마지막 승객인 줄 알았던 그 차에 다섯 명을 더
태운다. 승객들은 일제히 사색이 된 얼굴로 새 멤버를 쳐다보고, 커다란 짐까지 들고
있는 새 멤버들은 할머니의 매서운 다그침에 혼이 쏙 빠져서 엉덩이를 쑤셔 넣는다. 마
지막에 쑤셔 넣어진 승객이 카메라를 꺼냈다. "오! 어메이징!"이라고 외치는 그녀의 카
메라에 우리 모두의 찌그러진 엉덩이들이 담겼다. 그리고 40분을 달렸다.

"나, 뭔가를 느꼈어."

사유의 바다를 헤엄치기 시작한 이래, 시티맨은 부쩍 '느낀다'라는 단어를 자주 쓴다.

"내 옆 자리에 앉은 서양놈 말야, 그 숨도 못 쉬게 짜증나는 데서 글쎄 웃더라고."

잠깐 생각한 후 시티맨이 다시 말했다.

"여행은 그런 거여. 좀 불편한 것도 웃으면 되는 거여."

그 '서양놈'의 웃음은 힘든 순간마다 두고두고 시티맨의 철학이 되었다.

지붕 위에 누워가는 배

"오호! 이거구나! 누워간다는 그 배!"

선착장에는 두 대의 배가 있었다. 하나는 나무로 만든 통통배, 또 하나는 쇠로 만든 묵직한 여객선. 통통배 안의 승객들은 앞도 뒤도 옆도 모두 뻥 뚫린 원두막 같은 배 안에 빽빽하게 놓인 나무 의자에 앉아서 간다. 그러나 묵직한 여객선의 승객들은 푹신한 의자들이 놓인 선실에서 편안히 앉아가거나, 아니면 내가 그토록 고대하던 바로 그 것, 선실 위의 지붕 위에 누워 가는 것이다!

"저 배는 어디로 가는 거야?"

배에 오르자마자 신발 양말 다 벗고 지붕 위에 벌러덩 누운 시티맨은 '비교우위'의 쾌감을 맘껏 만끽하면서 통통배의 사람들을 바라보았다. 통통배에는 '바탐방(Battambang)'이라는 행선지가 붙어있었다. 시엠리엡에서 두 시간 거리의 캄보디아 서남부에 있는 도시이다.

"우리는 여섯 시간이나 가야 하는데, 우리가 더 고생할 거야."

"여섯 시간 가뿐하지 뭐! 아이고 좋다."

나도 신발을 벗고 시티맨과 나란히 누웠다. 다른 여행자들도 한두 명씩 지붕 위로 올라와 나란히 눕는다. 그렇게 하늘 아래 호수 위 뜨거운 태양과 습기 찬 바람에 온몸과 영혼을 내맡긴 채, 십여 명의 여행자들이 배낭을 베고 나란히 누웠다. 배가 항로를 향해 뱃머리를 돌리자 하늘이 '빙' 돌아간다. 시엠리엡의 구름들이 너풀너풀 물러나고 우리는 프놈펜의 하늘을 향해 달리기 시작했다.

여행은 이런 거구나, 생애 처음 나를 뒤흔들었던 그 감격이 아련히 떠오른다. 8년 전 이 지붕 위에 올라왔을 때, 아무렇게나 누워 있는 사람들, 심지어 비키니를 입고 누워있거나 책을 읽고 있거나 깊이 잠들어있는 사람들, 하늘과 바람과 구름만 있는 곳에서 무엇을 해야 하는지 알고 있는 그들에게 나는 경외심을 느꼈다. 나도 배낭을 베고 누워보았다. 차갑고 딱딱한 선체가 등에 닿았고, 거대한 하늘이 나에게 내려앉을 듯 낯설었으며, 끈적끈적한 바람이 머리카락을 마구 헝클어놓았다. 그러나 잠시 후 내 몸에 닿는 그 모든 낯섦에 대해 자포자기한 마음으로 온몸을 축 늘어뜨리자 내 안의 무엇이 붕 떠오르기 시작했다. 나는 더 이상 내 몸을 느끼지 않았다. 어디로 가고 있는지조차 생각나지 않았다. 나는 인간이 완벽하게 텅빈 시공간에 공기처럼 섞여들 수 있는 존재라는 걸 알게 되었다.

시엠리엡에서 시작되는 톤레삽 호수엔 프놈펜의 메콩 강 유역까지 백 킬로미터의 물길이 나 있다. 캄보디아인은 이 나라 전체 어획량의 3분의 2를 톤레삽에서 잡아 올린다. 한마디로 캄보디아인을 실질적으로 먹여 살리는 것은 앙코르 사원이 아니라 톤레삽인 것이다. 그런 만큼 톤레삽 호수에는 수많은 캄보디아인이 산다. 호수 변에도 살고, 섬에도 살고, 호수 위에서도 산다. '호수 위'란 무슨 말인가 하면, 톤레삽에는 수초로 만들어진 신기한 섬들이 흩어져 떠다니는데 이 위에 사람이 사는 집들이 있다. 그리고 배 위에 지어놓은 보트하우스들도 수초처럼 떠다닌다. 물 속에 깊이 잠긴 나무 한 그루를 버팀목 삼아 떠 있는 집도 있고, 반경 5미터도 안 되는 작은 섬을 통째로 차지한 집도 있다.

"저기 봐! 저런 거 찍어야지!"

시티맨이 어서 카메라를 꺼내라고 난리다. 똑바로 누우면 하늘이고 옆으로 누우면 한없이 넓은 물길이다. 햇볕에 팔다리가 버썩버썩 탄다. 가끔 우리를 발견한 보트하우스의 사람들이 손을 흔든다. 드디어 호수 둘레에 큰 건물들이 보이기 시작하고, 우리는 프놈펜에 닿았다.

"마이 배낭 마이셀프!! 돈 터치 애니바디!"

시티맨의 버럭 소리에 사람들이 일제히 멈칫했다. 배가 정박한 항구에는 어디나 그러하듯 툭툭 기사와 호텔 호객꾼들이 떼를 지어 몰려와 있었고, 승객들이 내리기도 전에 배안의 짐들을 마구 낚아챈다. 그러나 그들은 시티맨의 우렁찬 목소리에 놀랐다. 그의 험악한 표정을 보고는 더욱 놀랐다. 그들은 시티맨이 가리킨 '마이 배낭'만큼은 절대 손을 대지 않았다. 시티맨은 자랑스럽게 마이 배낭을 번쩍 들고 나에게 왔다. 8년 동안이나 나는 저 넓은 톤레삽을 건너온 걸까. 8년 전 그 날 이후 홀로 지구를 여행해온 여자는 이제 둘이 되었다.

프놈펜 ;

여자의 노을

우리의 꼭대기층 통유리 방 앞에는
이 게스트하우스의 방방에서
나온 빨래들이 몽땅 걸려있다. 바람에 펄럭이는
새하얀 빨래들에 붉은 빛이
번지는 이 시간이 나는 가장 좋았다.

프놈펜의 여행자들이 반드시 찾아가는 곳이 있다. 프놈펜 시내 남쪽의 '뚜얼슬랭 박물관(Tuol Sleng Museum)'이다. 예전에는 평화로운 고등학교였던 그곳은 전 국민의 4분의 1을 학살한 폴포트 독재정권의 정치범 수용소로 바뀌었고, 학생들이 공부했던 교실들에는 온갖 끔찍한 고문기구가 설치되어 수감자 2만 명이 잔인하게 고문당하고 살해되었다. 고문을 당한 상당수는 시내 서쪽으로 14킬로미터 떨어진 '초응억 킬링필드(Killing Fields of Choeung Ek)'에 실려 가서 집단처형되기도 했는데. 그곳에는 지금도 희생자 8천 명의 유골이 가득 쌓인 위령탑이 서 있다. 킬링필드 바로 옆에는 초등학교가 있다. 운동장에서 들려오는 아이들의 웃음소리를 들으면 살아남은 사람들은 또 묵묵히 삶을 살며, 시간은 또 흘러가고야 만다는 것을 느끼게 된다.

얼스워커스의 매니저 푸띠, 툭툭 기사 타오, 그리고 프놈펜에서 만난 수많은 사람들, 그들 모두가 참혹한 시간을 견뎌내고 살아남은 사람들이다. 그걸 깨달을 때마다 우리와 똑같은 웃음을 머금고 환하게 웃고 있는 그들이 낯설기만 하다.

"어디더라? 거기 수천 명을 잡아먹은 악어가 살아. 폴포트가 거기다 사람을 던져 넣었거든."

시엠리엡에 있을 때, 푸띠는 마치 재미난 해외토픽이라도 된다는 듯 '폴포트의 악어' 얘길 들려주었다. 불과 20년 전에 그 자신의 삶을 위협했던 끔찍한 역사에 대해 어떻게 남의 나라 얘기하듯이 말할 수 있을까. 그 때 그의 다섯 살 난 개구쟁이 딸이 아빠에게 달려와 안긴다. 아무런 아픔의 흔적도 묻어 있지 않은 발간 얼굴에 까르르 웃음이 번져 있다. 캄보디아인의 시간은 천천히, 그러나 강인하게 흐른다. 폐허 위에서도 그들은 누구도 악다구니를 쓰지 않고 천천히 웃음 지으며 일어난다. 우리의 삶도 무거움을 내려놓고 나면 더욱 가볍게 날 수 있을까. 그들의 얼굴 속에는 어느 한 시절을 이겨낸 후 더욱 짙어진 평온의 힘이 서려 있었다.

19세기 중반부터 약 백 년 동안 프랑스의 식민지였던 라오스, 캄보디아, 베트남에서 쌀만큼이나 중요한 주식은 프랑스식 바게트 빵이다. 이 바게트 빵은 야구방망이처럼 길고 퉁퉁한 것부터 가늘고 잘록한 것까지 크기도 모양도 다양하다. 전혀 무게감이 느껴지지 않을 만큼 가벼우며, 겉은 얇고 바삭하고 하얀 속살은 부드럽고 성기다.

"결심했어! 이제부터 하루 세 끼 바게트만 먹는 거야!"

한국에서는 하루 다섯 끼 고기만 먹고 산다는 육식동물 시티맨이 놀라운 선언을 했다. 그는 새로운 여행을 결심하고 캄보디아 국경을 넘을 때부터 하루도 빼놓지 않고 열심히 가계부를 쓰고 있었다. 조그만 수첩에다 한 글자 한 글자(아니 한 숫자 한 숫자) 얼마나 열과 성을 다해 깨알같이 적는지, 역시 뭐든 한 번 시작하면 앞도 뒤도 안 재고 돌진하는 시티맨답다. 가계부는 배낭족의 마약이다. 이 치명적인 중독성은 '경비절약 증후군'이라는 만국배낭족불치병을 유발시킨다. 점점 숫자에 민감해지면서 밥값도 아깝고 술값도 아깝고 버스비, 입장료도 아까워져서 결국에는 머나먼 이국땅까지 여행 와서 아무것도 못하고 벌벌 떨게 되어버리는 것이다.

"그럴 거면 여행을 왜 와? 집에서 잠이나 자지."

불과 한 달 전에 시티맨은 이렇게 말했다. 그러나 가계부 덕분에 시티맨의 경비절약 감각은 배낭족의 경지에 이른 게 틀림없다. 육식동물이 빵만 먹고 살겠다는 것은 무엇인가. 뼈를 깎아내는 고통으로만 가능한 그의 인생 최고난이도의 도전이다.

배낭족의 상징, 그 눈물 젖은 바게트

비극의 도시로 각인된 프놈펜은 그러나 지금 놀랍도록 살아 움직인다. 이 도시에는 핵에너지 융합이 일어나고 있다. 21세기에 아직도 과거와 현재, 미래가 이토록 가속으로 뒤섞여 터질 듯이 부글부글 끓고 있는 도시가 있을까. 자가용, 택시, 트럭, 버스, 오토바이, 툭툭, 인력거, 자전거까지 인류의 근대 백 년간의 모든 교통수단들이 오로지 수신호만을 주고받으며 한데 섞여 질주한다. 정확한 기계식 신호등에 길들여진 우리는 길을 한 번 건널 때마다 가슴을 쓸어내리고, 툭툭을 타고서도 앞 뒤 옆으로 정신 없이 비집고 드는 온갖 탈 것들 때문에 간이 콩알만해진다. 인도를 걷는 것도 예사 일이 아니다. 인도를 점령한 차들과 오토바이를 피해 차도에 잠시 내려서는 순간 순식간에 '쌩' 하고 무언가 우리 곁을 지나가는 것이다.

"완전 개판이구만! 시티가 이래선 안 되는 겨."

시티맨에게도 아무 시티나 용납되는 건 아니다. 무질서한 시티보다는 차라리 깡촌이 낫다고 했다. 그러나 온몸에 배낭족의 정신으로 무장한 시티맨, 무조건 걷는다. 육식동물이 울부짖는 걸 '포효'라고 한다. 이렇게 무리하다간 시티맨, '포효' 할지도 모른다.

"점심 도시락 언제 먹어?"

아니나 다를까 아침 열 시도 안 됐는데 시티맨은 벌써 배가 고프다. 우리는 뙤약볕이 내리쬐는 보도블록에 쪼그리고 앉아 바게트를 먹었다. 오후에는 국립박물관에 가기로 했는데, 식량을 벌써 다 먹어치우면 박물관을 관람할 에너지는 어떻게 또 충전할지. 프놈펜은 예술의 도시다. 캄보디아 국립박물관은 세계에서 가장 아름다운 고대박물관으로 알려져 있다. 기와지붕과 벽을 온통 붉은 빛으로 감싼 채 정교하고 우아한 실루엣을 뽐내는 아담한 건물은 그 자체만으로 예술작품이다. 게다가 앙코르 사원에서 출토된 고대예술품들의 중요한 진품들은 모두 그곳에 있다. 그러나 앙코르 사원의 예술적 향기는 과거 속에 묻혀 있지만은 않다. 천년의 테마는 지금도 캄보디아인의 손

캄보디아 국립박물관.

근대 백년간의
모든 교통수단들이
수신호만을 주고 받으며
한데 섞여 질주하는
프놈펜 시내.

은제품 액세서리가 유명한 구시장.

끝에서 되살아난다. 단지 찬란했던 옛날의 부활을 꿈꾸는 것이 아니라, 젊은 예술가들의 싱싱한 감각에 의해 캄보디아인의 오늘이 새로운 작품 속에서 부단히 탄생하고 있는 것이다. 국립박물관 앞 Ph178 거리에는 캄보디아인 특유의 선명한 색채감각을 느낄 수 있는 작은 갤러리가 즐비하고, 가까운 곳에는 예술대학이 있다.

프놈펜에 온 여행자들은 비극의 현장들을 답사하며 상념에 잠겼다가, 그 다음은 반드시 예술의 현장을 목격하러 온다. 이해할 수 없다는 게 세상에서 제일 싫고 짜증나는 시티맨, 그 놈의 어려운 '예술'이란 게 왜 좋은 거냐며 툴툴대던 그도 용케 (이것 역시 수학여행 이후 처음이라며) 박물관에 발을 들여놓았다.

"아, 나는 먼저 출구로 나가 있을 테니까 천천히 보고 와."

그러나 30분도 견디지 못하고 먼저 사라진다. 한참 후 밖으로 나왔더니 시티맨은 완전히 며칠을 굶은 전쟁난민의 뒤태로 쪼그리고 앉아있었다.

"미노야, 저녁에도 바게트 먹어야 되겠지?"

"하하하. 나도 더는 못 먹겠어. 우리 고기 먹자."

여자의 노을은 5층 꼭대기에

사실, 하루 세 끼 빵만 먹으며 땡볕 아래 몇 시간을 걸어 다녔다고 해도, 이 정도로 나가떨어질 시티맨이 아니다. 국보급 체력의 소유자 시티맨이 탈수 증세까지 다다른 데엔 한 가지 이유가 더 있다. 이곳은 새로 부상한 캄보디아 시내의 활기찬 여행자 거리 'Ph172'이다. 몇 블록 너머 국립박물관이 있고, 동쪽으로 10분만 걸으면 톤레삽 호수에 닿고, 북쪽으로 30분만 걸으면 구시장과 버스터미널이다. 프놈펜에 도착한 첫날, Ph172가 끝나는 모퉁이에 신장개업 현수막을 내건 '다이아몬드 게스트하우스'가 번쩍 눈에 띄었다. '냄새'가 났다. 새로 문을 연 숙소는 대개 할인 프로모션이 있기 마련이다. 나는 시티맨을 길가에 남겨두고 다이아몬드 게스트하우스의 번쩍거리는 유리문을 열어젖혔다.

"하루 15달러예요. 당신도 보면 깜짝 놀랄 근사한 방을 보여드리죠."

　친절한 여자가 화사하게 웃으며 나를 데려갔다. 널찍한 로비를 빠져나가자마자 좁고 가파른 계단이 보였다. 헉헉 숨을 몰아쉬며 한참을 올라가니 101호가 나타났다. 캄보디아의 건물은 대게 폭이 좁고 길쭉한 프랑스식으로 지어졌는데, 프랑스식 건물의 특징은 바로 천정이 높은 한 층을 올라가야 비로소 실질적인 1층이 시작된다는 것이다. 여자가 말한 그 방은 5층 꼭대기 복도 끝의 404호였다. 그러나, 아, 나는 다리가 후들거리는 것도 잊고 감격해버렸다. 복도를 벗어나자 확 트인 옥상이 나타났고 그 옥상을 통째 쓰며 커다란 통유리 창이 있는 방이 나를 기다리고 있었던 것이다!

　그 날부터 아침 저녁 눈물 젖은 바게트 빵을 먹으며 10층 높이의 5층 계단을 오르는 배낭족의 하드 트레이닝이 시작되었다. 나로 말할 것 같으면, 체력은 약해도 걷기와 계단 오르기엔 도사다. 아마도 '역마살'의 저력인 것 같다. 그러나 몸집 큰 시티맨의 아킬레스건이 바로 이것이었다. 이토록 피곤해하는 모습은 그를 만난 이래 처음이다.

　"저것 봐! 시티맨! 노을이야!"

　우리의 꼭대기층 통유리 방 앞에는 이 게스트하우스의 방방에서 나온 빨래들이 몽땅 걸려있다. 바람에 펄럭이는 새하얀 빨래들에 붉은 빛이 번지는 이 시간이 나는 가장 좋았다. 저녁 먹거리들이 늘어선 저 아래 골목에는 밤의 소란이 시작되고 있었다. 오토바이 떼들이 부르릉거리고, 국수 국물 끓이는 커다란 냄비에서 김이 피어오르고, 하룻밤에 돼지 한 마리를 통째 구워 토막토막 썰어 파는 바비큐 식당의 냄새가 자욱하게 올라온다. 나는 하늘 위에서 노을이 지는 도시의 삶을 구경한다. 매일 밤 저녁 8시가 되면 손에 잡힐 듯 가까운 밤하늘에서 불꽃이 터진다. 우리가 프놈펜에 있었던 그 며칠에 특별한 행사가 있었던 걸까. 이방인인 나로선 알지 못한다. 그러나 Ph172거리에서 가장 높이 떠 있는 이 비밀스런 자유의 방에서 그 모든 아득한 풍경의 거리감은 평화롭기만 했다.

　"아이고, 노을도 하필이면 5층 꼭대기에서 보냐……."

　아까까지 구시렁구시렁 중얼대던 시티맨은 노을이 스미는 그 시간 이미 곯아떨어져 있었다. 뻥뻥 터지는 불꽃놀이의 소란도 그를 일으키지 못했다.

San Miguel
SEBASTIAN

시하눅빌 ;

남자의 노을

"내가 스쿠터 안 빌렸으면 이런 노을은 못 봤겠지?"
이제야 알겠다. 그는 자신은 알지도 못하고 도저히
알 수도 없었던 내가 그토록 좋아한다는
그 노을에 대해 아무 것도 할 수 없다는 게 싫었던 거다.
"나는 말이야, 너한테…,
나만이 보여줄 수 있는 노을을 원했던 거야."

이번 여행에서 처음으로 바다를 보러 왔다. 캄보디아 남쪽 해변의 '시하눅빌'은 캄보디아의 고전적인 배낭족 밀집지역이다. 여기서 '고전적'이라 함은, 캄보디아를 여행하는 사람 누구나 "아하, 그 시하눅빌?"이라고 말한다는 뜻이다. 시엠리엡을 거쳐 프놈펜을 떠나는 여행자의 절반은 호치민으로 가고, 40퍼센트는 시하눅빌로 오고, 나머지 10퍼센트는 여기저기로 흩어진다. 항공권을 찢고 다시 나선 여행 열흘 째, 나는 숨어있는 '여기저기'에 대한 궁금증이 마구 일었으나 이미 피곤에 지친 시티맨을 '깡촌'으로 내몰 수는 없었다.

"여기도 깡촌이네, 뭐……."

시하눅빌에 도착한 첫날부터 시티맨은 볼멘소리다. 이 도시, 아니 이 해변마을은 신기하게도 가운데는 구멍이 뚫린 도넛처럼 텅 비어 있고, 타이 만(Gulf of Thailand)을 향해 조그만 발을 내밀고 있는 해안선에만 사람들이 북적거린다. 세렌디피티, 빅토리, 오츠띠알, 소카, 오뜨레 등 서양인 여행자들이 점령한 지역답게 캄보디아와는 전혀 상관없는 정체불명의 이름이 붙은 해변들은 저마다 확연한 특징들을 갖고 있다. 세렌디피티는 고전적인 시하눅빌에서도 가장 고전적인 해변으로 가장 많은 숙소와 레스토랑이 밀집해 있다. 경치 좋은 소카는 고급호텔이 장악하여 부유한 호텔 투숙객들만 입장할 수 있고, 가장 오지에 속하는 오뜨레는 점점 숙박비가 올라가는 다른 해변들에서 밀려난 가장 가난한 여행자들이 모이고 있다.

시티맨이 이곳을 싫어한 결정적 이유가 하나 있다. 여행 가이드북마다 경고하고 있는 시하눅빌의 그 유명한 '건달들' 때문이다. 론니플래닛의 주의 사항을 소개하면 이렇다. "해변 지역에서 강간 사건이 있었으므로, 혼자 다니는 여성들은 주의해야 한다. 몇몇 게스트하우스의 남자들도 좀 지나치게 애정표현을 하기도 하는데, 이런 자들은 보통 엄하게 경고해도 떨어지지 않는다. 해변에서는 귀중품 절도가 흔히 발생하며, 심지어 오토바이도 훔치는 경우가 있으니 꼭 잠가둬야 한다." 가이드북을 교과서처럼 꼼꼼하게 정독하던 시티맨이 이 대목에 이르자 눈썹에 파르륵 경련을 일으켰다.

"미노야! 넌 꼼짝도 하지 마. 이 놈들 걸리면 다 죽었어!"

우리의 코브 비치 방갈로 옆에는 한국인이 운영하는 게스트하우스가 있다. 그곳 사장님이 이야기해준 으스스한 사건이 시티맨에게 기름을 부었다. 얼마 전 단체로 놀러온 중국인 손님과 시하눅빌의 건달들이 시비가 붙었고, 누가 먼저랄 새도 없이 곧장 칼을 들고 와서 상대방의 머리를 내려쳐버렸단다.

"여긴 뭐, 사람들이 겁이 없어요. 욱하는 순간 살인나는 거죠."

이건 해변에서 흔한, 여자에게 농이나 걸고 배낭이나 털어가는 건달 수준이 아니다. 그때부터 나는 혹여 시티맨이 건달들과 마주칠까 걱정이 되었다. 혼자서 태국남자 다섯 명이랑 '다이다이'로 붙어본 경험이 있다는 시티맨, 건달들이 딴 사람에게 시비 거는 것만 봐도 그냥 고분고분 넘어갈 리 없다. 아니나 다를까, 시티맨, 불이 붙었다.

"건달! 나한테 꼭 걸려라! 어떤 놈들인지 보고야 말겨!"

남자의 노을은 스쿠터에

누구나 혼자 여행을 하면 사무치게 외로울 때가 있는데, 너무 좋을 때나 너무 짜증날 때, 너무 멋진 곳을 보거나 너무 끔찍한 곳을 봤을 때, '감탄사'를 외치고 싶은데 들어줄 사람이 없을 때이다. 누군가와 함께 여행한다는 것은 감탄사를 들어줄 사람이 옆에 있다는 것이다. 내가 너무나 좋으면 내 옆의 누군가도 함께 좋아해 주었으면 좋겠다. 그러나 누가 옆에 있어도 여행은 여전히 외로울 수 있다. 감탄사를 들어주지 않는 사람과 여행을 한다면 말이다. 캄보디아의 마지막 여행지 시하눅빌에서 우리는 그 절박한 감탄사 때문에 냉전에 돌입하고 말았다.

"좋고 안 좋고를 왜 강요를 해? 네가 좋으면 나도 좋아야 한다? 내가 노예야?"

"아, 싫어도 그냥 장단 좀 맞춰줫!"

"거짓말을 하란 말야? 나는 바다고 뭐고 이 놈의 시하눅빌이 싫단 말야!"

"옆 사람이 그러면 나도 좋을 수가 없다고요. 당신하고 여행하는 건 너무 힘들어!"

시티맨은 답답한지 어딘가로 사라지더니 갑자기 얼굴이 환해져서 헐레벌떡 나타났다. 드디어! 나는 회심의 미소를 지었다. 시티맨에게도 누군가의 감탄사를 필요로 하는 순간이 온 것이다.

"여기 스쿠터 하루에 5달러밖에 안 해!"

나는 감탄사에 인색하지 않았다.

"진짜? 우리 또 소풍 가자!"

시티맨은 라오스에서의 스쿠터 여행을 이번 여행에서 가장 즐거운 추억으로 기억한다. 스쿠터는 우리 사이를 극적으로 반전시키며 결국 내 손에 반지를 끼게 한 일등공신이다. 우리는 오랜만에 넓은 벌판으로 달려 나갔다.

"이쪽으로 내려가면 분명 해안도로가 나타날 거야. 냄새가 난다고."

뛰어난 방향감각과 공간감각을 자랑하는 시티맨이 스쿠터를 멈추고 지도를 펼쳐들었다. 그때였다. 드디어 시티맨이 그토록 고대하던 시하눅빌의 '건달들'과 맞닥뜨렸다.

"메이 아이 헬프 유?"

그들은 너무 뻔한 수법, 도와주겠다고 접근하며 우리를 빙 에워쌌다. 나 혼자였다면 위험천만한 상황이다.

"그래, 좀 도와 줘! 해안도로가 어느 쪽이야?"

시티맨은 아직도 감을 잡지 못했다. 부탁도 안 했는데 도와주겠다니 대견한 녀석들이다, 라는 표정으로 보고 있던 지도를 척 내민다. 녀석들은 헤헤거리며 우리가 지나왔던 황무지를 가리킨다.

"저쪽이야, 저쪽! 헤이 마이 프렌드! 우리가 데려다 줄게."

허허, '헤이 마이 프렌드'까지 나왔다. 백 퍼센트 영락없는 외국인을 노리는 건달들이다. 수년간 배낭여행으로 단련된 내 귀는 그들이 음흉한 속내를 드러내기 전의 목소리, 특유의 악센트까지 기억한다. 그런데 나이들이 다들 좀 어리다. 많이 먹어봤자 십대 후반? 벌써부터 나쁜 짓만 배웠구만. 허허.

"무슨 소리야? 해안도로는 내 생각에 이쪽이라고!"

"노, 노! 저쪽이라니까!"

그들은 여전히 우리를 에워싸고 있었다. 나는 조금 불안해졌고, 혹시 시티맨이 자

우리가 묵은 '코브 비치 방갈로'는 해안가의
언덕 위에 계단처럼 층층이 지어져 모든 방에서 확 트인 바다를 감상할 수 있었다.
몸통은 나무로 엮고 지붕은
짚으로 엮은 백 퍼센트 내추럴 초가집이다.

랑하던 '다이다이' 사건이 벌어지지 않을까, 그럼 나는 어떻게 해야 할까, 순간적으로 수만 가지 궁리를 하느라 머리가 지끈거렸다. 그러나 시티맨은 그저 "에잇! 고마워! 그런데 나는 이쪽으로 갈래."라고 말하며 스쿠터에 시동을 부르릉 걸었다. 그리고 포기하지 않고 '저쪽'이라고 외치며 따라오는 그들에게 손까지 흔들며 자신이 확신하는 방향, '이쪽'으로 달려 나갔다. 놀랍게도 모든 건 너무 싱겁게 끝났다.

"쟤들이 바로 건달들이에요."

"뭐? 저 조막만한 놈들이? 그럴 리가……."

다행이다. 웬만해선 시티맨이 '다이다이'를 벌일 일은 없겠다. 시티맨은 건달을 알아보지 못한다. 시티맨의 짐작대로 해안도로가 나타났다. 그리고 오랜만에 한국인 배낭족을 만났다.

"저 너머 엄청난 내리막길이 있는데, 그 스쿠터로는 어림없을 걸요?"

이런, 그가 시티맨에게 절대 해서는 안 되는 말을 하고야 말았다. 시티맨의 눈썹이 또 치솟는다. 스쿠터에 시동을 거는 시티맨의 손에 힘이 제대로 들어갔다. 그러나 정말로 엄청난 내리막길이다. 오토바이들도 충분히 준비자세를 갖춘 후 딱 한 대씩만 순서를 지키며 언덕을 오르내린다. 우리가 잠시 내려다보고 있는 동안 까마득한 저 아래서 오토바이 한 대가 힘차게 쌩 올라와 시티맨의 머리카락을 날리고 지나갔다. 잠시 오토바이를 노려보던 시티맨이 연약해보이기 짝이 없는 스쿠터의 엔진에 가열차게 시동을 걸었다. 왕초보 주제에 자신감은 벌써 오토바이 선수이다.

"진짜 괜찮을까?"

"나를 믿어!"

그러나 나는 믿지 못하고 스쿠터에서 내려서 걸어갔다. 시티맨이 바람처럼 쌩 하고 날렵하게 내 옆을 지나쳐 순식간에 저만치 도착해 있다. 아, 나는 엄지손가락을 치켜들었다. 그는 어느새 왕초보 딱지를 떼고 진정한 바이커로 변신해 있었다.

"미노야! 저기!"

갑자기 시티맨이 기쁨에 겨워 나를 부른다. 하늘과 바다가 심상치 않았다. 수평선이 반짝반짝하더니 선명하게 일렁이는 빛깔이 점점 더 붉게 번지기 시작했다. 노을이었다. 저 멀리 수평선에 해가 지고 있는 것이다.

아무 말도 안 했는데 시티맨이 스쿠터를 세웠다. 사진을 찍는 동안 그는 놀랍게도 잠자코 노을을 감상하고 있었다. 나는 시티맨에게 카메라 뷰파인더를 이동시켰다. 앗, 그곳에는, 시티맨의 스쿠터와 시하눅빌의 바다가 완벽하게 합체되어 붉은 빛을 빨아들이고 있었다.

"내가 스쿠터 안 빌렸으면 이런 노을은 못 봤겠지?"

이제야 알겠다. 노을도 좋고, 바다도 좋고, 좋아하는 게 너무나 많은 미노라는 여자는 자기 없이도 잘만 살 것 같았던 거다. 자신은 알지도 못하고 도저히 알 수도 없었던, 그녀가 그토록 좋아한다는 '노을'에 대해 시티맨은 아무것도 할 수가 없었다. 그러나 그녀가 좋아하는 걸 함께 좋아해줄 수는 없어도, 자신이 직접 보여줄 수는 있다! 스쿠터가 그의 마음에 날개를 달았다.

나는 시티맨에게 카메라 뷰파인더를 이동시켰다.
앗, 그곳에는, 시티맨의 스쿠터와 시하눅빌의 바다가 완벽하게 합체되어 붉은 빛을 빨아들이고 있었다.

mino story

TRAVEL TO LOVE

VIETNAM

HO CHI MINH, HOI AN, HUE, HANOI

—

5

베트남에 나와바리를 건설하라

BUILD AREA IN VIETNAM

호치민

;

여행이 몸 안에
들어오다

그의 표정은 진심이었다. 몸으로 통하는 남자,
백퍼센트 육식동물 시티맨에게
인생의 모든 진실은 오로지 몸으로 다가와야
한다. 그는 지금 '혓바닥'이라는 가장
말초적인 감각기관으로 여행이란 것을 맛보기
시작했다. 여행이 그의 몸 안에 들어왔다.

"시티맨, 미안한데, 계획을 바꾸면 안 될까?"

그 때 우리는 다시 프놈펜으로 돌아가는 버스 안에 있었다. 원래의 계획은 프놈펜에서 베트남의 호치민으로 가는 직행버스를 갈아타는 것이었다. 그러나 나는 무심코 시티맨이 열독하는 가이드북을 보다가 무언가 발견해버렸다. 베트남 최대의 곡창지대 '메콩 삼각지(Mekong Delta)'. 티베트에서 발원한 메콩 강이 중국, 라오스, 캄보디아를 거쳐 마침내 바다와 합류하면서 만들어낸 거대한 평야. 이곳의 독특한 삶을 보기 위해 수많은 여행자들이 캄보디아와 베트남의 국경을 건널 때 그곳을 거쳐 간다.

아마 나 혼자였다면, (이번 여행에서 수도 없이 나는 이런 생각을 했다.) 아무 고민 없이 그냥 훌쩍 계획을 바꿔버렸을 것이다. 아니, 애초에 별 계획을 세우지도 않았을 것이다. 그러나 여행에 대해서는 아무것도 모르면서 틈만 나면 툴툴거리는 남자를 데리고 다닌다는 게 어떤 것인지 그는 알까. 그에게 의지하는 만큼, 내 어깨에도 배낭보다 무거운 책임감이 얹혀 있다. 어디어디를 거쳐 어떻게 갈 것인지에 대해 틈날 때마다 고민을 한다. 이건 내가 여행을 즐기는 방식이 아니다.

"이미 끊어놓은 버스표는 어떡하고?"

"내가 프놈펜에 내리자마자 여행사에 가서 바꿔볼게."

시티맨은 "에잇! 가이드북 공부 다해놨는데 다시 봐야 되잖아!"라며 툴툴댔지만 더 이상 별 말 않고 가이드북 읽기에만 집중했다. 그런데 휴게소에서 잠시 쉬는 동안 내 맘이 바뀌었다. 아무래도 이렇게 늦장을 부리다간 올해 안에 한국으로 못 돌아갈지도 모르겠단 생각이 들었다.

"미안해, 시티맨. 그냥 원래대로 가자."

"지금 장난 쳐?"

이번엔 시티맨이 제대로 화가 났다. 그러나 이것저것 고민하느라 피곤한 건 나도 마찬가지다.

"그럼 시티맨이 일정 다 잡아봐! 내가 따라갈 테니까. 내가 원하는 게 그거야!"

드디어 마음속 깊은 곳의 불만을 들켰다. 나는 맘보다 더 독한 말을 쏟아내고 말았다.

"여행은 앞으로 혼자 해야겠어요. 시티맨은 한국에서 일하고, 나는 여행하고, 각자 좋아하는 걸 하자고요."

시티맨은 더욱 화가 나서 어쩔 줄을 몰랐다.

"너한테 필요한 건 남편이 아니군. 넌 단지 여행을 같이할 파트너가 필요한 거야!"

호치민에 도착한 다음 날 시티맨은 비장한 눈빛으로 가이드북을 챙겨들고 나를 깨웠다.

"이제부터 내가 모든 일정을 굴릴 테니까 너는 따라만 와!"

시티맨이 점찍어둔 최초의 목적지는 호치민 시 중심의 거대한 로터리에서 가장 눈에 띄는 '벤탄 시장'이다. 시끄럽고 어수선하며 시티맨의 앞길을 방해하는 것 투성이인 시장에서 웬일로 볼멘소리 한 번 안 하고 구경하는 내 뒤를 따라다닌다. 커다란 건물 안에 좁은 통로가 미로처럼 어지럽게 뒤엉켜있다. 보통의 시장처럼 일상용품도 팔고, 베트남 커피, 비단 신발, 아오자이, 짝퉁 라이터나 맥주 캔으로 만든 장난감 같은 베트남 냄새가 물씬 나는 기념품들도 판다. 먹거리 장터에서 내가 좋아하는 월남쌈을 발견했다. 시티맨이 군소리 없이 먹고는 맛있다는 말까지 한다. 시티맨이 싫은 걸 싫다고 하지 않는다. 아니, 좋지도 않은 걸 좋다고 거짓말을 한다. 나는 이상하게 친절한 시티맨과 이상하게 별 일 없는 오늘이 불편하기만 했다.

호치민의 관광 하이라이트는 걸어서 돌아다닐 수 있는 좁은 반경 안에 다 모여 있다. 우리는 오전에 19세기의 프랑스식 건축물인 예쁜 중앙우체국과 노트르담 대성당, 국립극장, 다이아몬드프라자까지 고전적인 관광코스를 모두 마스터하고, 통일궁 앞의 '꾸안 안 응온(Quan An Ngon)'이란 베트남 전통식 레스토랑에 점심을 먹으러 갔다. 바나나 잎이 우거진 야외 정원에서 마치 잔칫집처럼 전을 부치고 국수를 끓이고 고기를 볶는다. 손님들은 뷔페 상을 둘러보듯 만들어지고 있는 요리들을 직접 구경하면서 뭘 먹을지 골라 주문을 한다. 베트남에 밀어닥친 한류열풍 덕에 한국요리 코너까지 마련되어 있고, 비빔밥, 된장찌개, 김밥 같은 것들이 한국 식당보다 훨씬 저렴한 가격에 팔리고 있다.

"시티맨, 좋겠다. 간만에 한국음식 맛볼 수 있겠네?"

"무슨 소리야. 베트남에 왔으면 베트남 음식을 먹어야지. 에헴."

역시 오늘 시티맨은 심상치가 않다. 나는 내 멋대로 내가 제일 먹고 싶은 요리들, 얇게 부친 쌀 전병에 나물을 말아 생선소스(느억 쩜)에 찍어 먹는 '반 세오', 월남쌈 '까 느엉 추이', 야채쌈 '짜 여' 같은 걸 잔뜩 주문했다. 시티맨은 복잡한 시장 통에서 나를 따라다니던 그 알 수 없는 표정으로 얌전하게 차려놓은 음식들을 다 먹는다.

"맛있어?"

"응."

"진짜 맛있어?"

"응!"

일부러 맛있는 척 하는 거지? 라고 물어보고 싶은 걸 꾹 참았다. 그러나 잠시 후 나는 깜짝 놀랄 말을 들었다.

"베트남이 좋아."

그가 무엇이 좋다고 말한 건 석달 보름 만에 처음이었다.

"왜?"

"베트남 음식이 나한테 딱 맞는 것 같아."

그의 표정은 진심이었다. 몸으로 통하는 남자, 백퍼센트 육식동물 시티맨에게 인생의 모든 진실은 오로지 몸으로 다가와야 한다. 그것도 몸의 가장 원초적인 입구인 '입'이야말로 가장 먼저 진실을 발견하는 곳이며, 그는 지금 '혓바닥'이라는 가장 말초적인 감각기관으로 여행이란 것을 맛보기 시작했다. 여행이 그의 몸 안에 들어왔다.

커플 여행은 힘들다

벤탄시장으로 건너가는 횡단보도 앞에서였다.

"엇! 저기! 목사니임!"

TÂM BÌ 25000
NGHÊ BÌ ? 000
BÌ CUỐN
HỦ TIU NAM VANG
BÒ KHO
Fruit Juice Café · Sinh T
Pepsi
Bread

그러나, 간만에 시티맨의 섬세한 감각을 깨워낸 세계 4대 요리 베트남 미각여행은 아쉽게도
일주일 만에 막을 내렸다. 베트남에서 시티맨의 혀를 진정 사로잡은 건
그 어떤 산해진미도 아닌 '군고구마'였다. 그는 틈만 나면 군고구마를 찾아다녔고, 베트남을 벗어날 때까지
어느 도시를 가든 반드시 군고구마 장사를 찾아내고야 말았다.

세상은 넓지만 여행자의 동네는 좁다. 언제나 기약 없이 헤어지는 여행자의 인연이 신기하게도 쉽게 끊어지지 않는다. 우리는 그를 3주 전 카오산의 동대문 도미토리에서 만났다. 30년 전 한국의 정치적 격변기에 미국으로 망명해서 살고 있는 목사님은 동대문에서 만난 우리 커플에게 유난히 관심이 많았다. 우리를 볼 때마다 '척 보기에도 극과 극인 두 사람이 어떻게 결혼을 할 수 있었을까'라는 호기심이 개구쟁이 같은 목사님의 얼굴에 번졌다. 그는 틈 날 때마다 시티맨을 붙잡고 밥까지 사주면서 아버지처럼 애정 어린 잔소리를 했고, 나에게는 평생 잊지 못할 한 마디를 남겼다.

"저 녀석 단순하고 답답하지?"

"예? 하하 조금요……."

"괜찮아. 남자가 여자보다 단순해야 좋은 거야."

나를 지긋이 내려다보던 목사님은 의미심장하게 말을 꺼냈다.

"자기가 여자보다 논리적이고 이성적이라고 생각하는 남자는 말야……."

그 다음 한 마디가 바로 나의 심장 한가운데에 꽂혔다.

"그런 남자는 혼자서 강을 먼저 건너가 버린다고."

점잖고 이성적인 그런 남자는 이별을 고민할 때조차 아무런 티를 안 낸다. 조금만 짜증이 나도 고래고래 성질을 부리는 시티맨과는 다른 것이다. 여자에겐 아무 말도 없이 혼자서 강을 건너버린 남자는 강 건너편에 이르러서야 이렇게 말한다고 한다. "안녕. 미안해." 여자는 모든 것이 이미 끝난 다음에 남자가 떠났다는 것을 알게 된다. 헉! 정말 무섭다.

좋을 땐 바로 헤헤거리고 싫을 땐 바로 버럭 화를 내는 시티맨. 나한테 뭘 숨기려야 숨길 수 없을 만큼 단순 답답 똥고집 일방통행남. 그가 미울 때마다 목사님의 말을 떠올렸다. 시티맨은 설사 강을 건너고 싶은 맘이 들었다 하더라도 아마 강 근처에도 못 가보고 모조리 이실직고하고야 말 것이다.

횡단보도 건너편에서 우리를 발견한 목사님이 반가워하며 손을 흔든다. 저 희한한 커플 기특하게도 아직 안 헤어지고 잘 다니네, 라는 표정으로 흐뭇하게 웃고 있다. 목사님은 알까, 그의 한 마디가 지난 넉 달 동안 내 마음의 바윗돌이 되어주었다는 걸.

　그 날 밤 목사님과 친구 분인 또 한 분의 목사님, 그리고 목사님이 여행사 버스에서 만난 한국인 여학생, 우리, 이렇게 다섯 명이 함께 저녁을 먹었다. 모두들 얼마 전까지만 해도 얼굴도 이름도 몰랐던 사이이지만 낯선 나라에서 한 밥상에 둘러앉은 한국인이라는 이유만으로 금방 십년지기 친구처럼 친해져버린다. 이럴 땐 나라와 민족을 사랑하는 시티맨의 유별난 의리에 휘말리는 것도 유쾌하다. 술을 안 마시는 목사님 두 분이 호치민 제3구역에 새롭게 번화하고 있는 한인 타운으로 떠난 후, 여학생과 우리는 여행자 거리의 노천맥주집으로 갔다.

　방콕의 여행자에게 카오산이 있듯이 호치민의 여행자에게는 '팜응우라오(Pham Ngu Lao)'가 있다. 여행사와 배낭족 카페, 베트남 특유의 미니호텔이 백 여 개나 밀집한 지역이다. 그곳에서 가장 번화한 '데탐 거리' 모퉁이에 여행자들의 이정표 구실을 하는 노천 맥주집들이 있다. 밤 아홉 시가 넘으면 빈자리가 없을 만큼 북적거리는 그곳은 의자들이 모두 거리를 향해 놓여 있어 마치 호치민의 밤을 구경하는 야외극장 같다.

　"사이공 맥주라고 했지? 아, 맘에 들어. 내가 마셔본 맥주 중에 최고야."

　베트남이 좋다는 시티맨은 역시 일방통행 의리파이다. 이 나라에서 그의 혀끝으로 들어온 모든 것이 무조건 다 '오케이'이다. 그리고 나도 사이공 맥주가 좋다.

하노이;

나와바리에서
날다

대한민국 모든 40대 남자가 그럴 것이다.
그들은 그들의 나와바리에서 외롭게 살아간다.
자신의 나와바리를 조금만 벗어나면,
그 낯섦에, 그 불편함에, 온몸이 저항한다.
하지만 그 순간을 이기면,
나와바리를 자유롭게 드나드는 여유를 배운다.
시티맨은 지금 자신의 나와바리에서 자유로워지고 있는 중이다.
그는 지금 나와바리에서 날고 있다.

mino story

베트남 중부의 고대 왕조 도읍지, 훼의 왕국.

베트남에서의 15일짜리 무비자 기한이 끝나가고 있었고, 다시 15일짜리 무비자를 받기 위해서 라오스에서 가장 가까운 베트남 중부의 '훼(Hue)'에서 버스를 타고 국경만 살짝 넘어갔다 오기로 했다.

베트남의 '라오바오(Lao bao)'와 라오스의 '단사반(Dansavanh)' 사이의 국경은 여행자가 많이 없는 탓에 썰렁하다. 단 5분 만에 우리는 조금 전에 넘어왔던 국경을 다시 넘어갔다. 라오스 국경출입국 직원은 5분 전에 찍은 입국 스탬프를 별 관심 없이 쳐다보며 출국 스탬프를 쾅 찍어주었고, 베트남의 국경출입국 직원 역시 별 말없이 15일 무비자 입국 스탬프를 쾅 찍어주었다. 정말, 국경을 찍고만 왔다.

그런데 베트남 국경에는 우리 말고도 '찍고 오는' 한국인 부부가 더 있었다. 베트남에서 사업을 하고 있는데 15일마다 이 국경을 넘어 다닌다는 것이다.

"어디로 가세요? 뭐 타고 가십니까?"

못 말려, 시티맨. 그는 은근슬쩍 한국인의 의리를 내세우며 이 부부의 차를 얻어 탈 심산이다. 그러나 모든 한국인이 시티맨 같지는 않다. 언제 만났다고 의리를 요구하느냐고 따지면 할 말 없는 것이다. 한국인 부부는 난처한 표정으로 시티맨을 쳐다보더니 국경 앞을 지나는 봉고차 한 대를 잡아 베트남어로 무언가를 물어본다.

"버스비 4만 동이랍니다. 여기 국경 앞에 미니버스 많이 지나가니까 저 앞에서 점심 드시고 천천히 타고 가세요. 그럼 우린 이만."

부부는 말을 마치자마자 쏜살같이 사라졌다.

점심을 먹고 나오니 아까 버스비를 물어보았던 그 봉고차가 그대로 서서 우리를 기다리고 있다.

"아니, 손님이 그렇게 없나? 우리 땜에 여기 한 시간이나 서 있었던 거야?"

올라타기 전에 시티맨은 제법 여행자스럽게 한 번 더 가격을 확인했다.

"4만 동 오케이?"

"노! 5만 동!"

"에잇! 아까 4만 동이라고 했잖아! 안 타! 안 타!"

　　운전기사인 남자는 슬쩍 입 꼬리를 올리고 "오케이! 4만 동!"이라며 재촉한다. 앞 범퍼는 덜렁거리고 유리창문은 있으나마나 붙어있는 허름한 몰골이, 이 봉고차 뭔가 심상치 않다. 역시나 무시무시한 일이 벌어지기 시작했다. 우리가 앉자마자 고개가 뒤로 젖혀질 만큼 쌩 달려 나가더니 구불구불 좁은 길을 시속 80킬로미터가 넘는 속도로 마구 밟아댄다. 게다가 라오바오 구석구석을 돌아다니며 가속과 급브레이크와 역주행을 거듭하면서 승객을 물색하더니, 다시 국경으로 되돌아가는 게 아닌가. 그 사이 새롭게 국경을 넘어온 사람들까지 싹쓸이 하겠다는 심산이다. 보아하니 목숨 걸고 손님을 찾아다니는 쪽은 봉고차 운전기사인 남자와 차장격인 여자. 부부임에 틀림없는 것이, 거친 말투, 집시 같은 차림새, 먹잇감을 노리듯 승객을 물색하는 야생의 눈초리가 똑 닮았다. 남편이 거칠게 차를 몰아대는 동안, 아내는 한 손으로 고장난 문고리를 잡고 다른 한 손은 창밖으로 흔들며 손님을 외쳐 부르는 일사불란한 행동이 죽이 척척 맞는다. 부부 2인조 승객 털이범처럼 그들은 30분이나 라오바오를 샅샅이 뒤져보고 나서야 뭔가 욕임에 틀림없는 거친 베트남 말을 쏟아내면서(아마도 "에잇, 더 이상 실을 놈들이 없군." 같은) 더욱 거칠게 액셀러레이터를 밟기 시작했다.

　　"에잇, 우리 배낭이 꼈잖아!"

　　멀리서 사람들을 발견할 때마다 귀청이 찢어지도록 급브레이크를 밟으며 차를 세운 남편은 날쌔게 뛰어내려 손님의 짐을 짐칸에 꾹꾹 눌러 넣고, 차장인 아내는 버스비를 시끄럽게 흥정한다. 그러나 갈 길이 바쁜 봉고차 부부는 나물이건 닭이건 쇠고랑이건 그리고 소중한 우리 배낭이건 상관 않고 마치 쏟아지는 테트리스 조각을 맞추듯 크기와 모양만 맞춰가며 정신없이 쌓아올린다. 그 와중에 우리의 배낭들은 납작하게 찌그러져 형태를 알아볼 수 없을 지경이 되었다.

　　아무리 거친 부부라 해도 왜 이토록 광란의 질주를 해대는 걸까. 어느 틈에 조금 넓은 길로 나왔다 싶더니 갑자기 운전하는 남편이 거친 욕설을 쏟아내며 더욱 속력을 높인다. 알고 보니 경쟁자가 나타났다. 이 차는 베트남 정부의 공인된 대중교통수단이 아닌 것이다. 개인 봉고차들이 경쟁적으로 영업을 뛰고 있으니 다른 봉고차보다 더 빨리,

더 많이 손님을 실어 날라야 한다. 아마 모르긴 해도 이 정도면 사고가 나도 수십 번은 났을 것이다.

그런데 이 부부, 정작 중요한 업무는 따로 있다. 차장인 아내가 부스럭부스럭 자신의 윗옷과 바지 속까지 뒤지며 무언가를 꺼낸다. 말보로 담배 수십 갑이 우르르 쏟아져 나왔다. 그녀는 우리만 뺀 나머지 손님들의 손에 두세 갑씩을 쥐어주며 뭐라고 설명을 한다. 그리고 잠시 후 검문하는 경찰들이 나타났다. 국경에서 넘어오는 길이니 검문이 있을 만도 하다. 아하, 이 부부는 라오스에서 싼 담배를 밀수하여 베트남에다 파는 밀수꾼들이었다.

그야말로 거친 부부에게 딱 어울리는 짓들만 골라서 한다. 손님들에게 두세 갑씩 나눠 맡기면 법적으로는 문제가 없고, 아마도 버스비를 깎아준다고 꼬셨을지도 모를 터, 매일 네다섯 차례는 지나는 길이니 이쯤에서 검문이 있다는 걸 알고 수를 써두는 건 식은 죽 먹기일 것이다. 우리는 그들의 밀수가 검문을 어떻게 피해 가는지 흥미진진하게 지켜보고 있었는데, 웬일인지 경찰들은 그들을 제쳐두고 우리에게 다가온다. 외국인 두 명이 이런 버스에 타고 있는 게 신기했던 걸까. 여권을 달란다. 우리의 여권을 신기한 물건 구경하듯이 한참이나 웃고 떠들며 돌려보던 경찰들이 마침내 "오케이!"라고 외치며 돌려준다. 덕분에 봉고차 안에 벌어지고 있는 심상찮은 일들은 경찰의 관심 밖으로 밀려나버렸다.

드디어 목적지를 알리는 표지판이 보였다. 오전에 한 번 지나온 길이었으므로 익숙한 곳으로 돌아가는 느낌이다. 그런데 갑자기 봉고차가 뻔한 길을 놔두고 갑자기 낯선 오솔길로 빠져든다.

"시티맨, 우리 납치되는 거 아냐?"

저 부부라면 외국인 주머니 터는 것쯤은 눈 하나 깜짝 않고 해치울 것이다.

"걱정 마. 허튼 짓 하면 내가 때려눕혀 줄 테니까."

시티맨은 자기가 영화 주인공이라도 되는 줄 아나 보다. 첩보영화 보듯이 흥미진진해 하며 이 봉고차가 어디로 가나 살피고 있다. 시티맨, 제발, 이건 실제상황이에요.

일이 벌어지면 싸울 생각 말고 냉큼 도망부터 쳐야 한다고 나는 몇 번이나 시티맨에게 다짐을 받아놓았다.

봉고차는 음산한 주차장으로 쑥 들어가더니 내리라고 한다. 드디어 일이 벌어지는 걸까. 그런데 봉고차 밖을 나와 보니 어딘지 알겠다. 이 길을 따라 5킬로미터쯤 걸으면 하노이 행 버스를 탈 수 있는 식당이 보일 것이다. 시티맨이 눈을 부라리며 "유 라이어!"라고 외치지나 않음까 걱정했더니 그는 얼굴에 웃음기까지 머금고 괜히 과장된 감탄까지 섞어가며 거친 부부의 남편을 칭찬했다.

"유 베리 베리 굿 드라이버!"

남자는 칭찬에 으쓱해서 배낭까지 내려주며 헤헤거린다. 시티맨은 더욱 살갑게 웃으며 배낭을 받아들고는 마치 남자의 어깨를 두드리는 척 있는 힘껏 내리쳤다.

"으악!"

남자의 인상이 찌그러졌지만 시티맨은 아랑곳 않고 한 번 더 엄지손가락을 치켜들었다.

"오! 리얼리 유 아 베리 베리 베스트 드라이버!"

남자는 찌그러진 인상으로 웃어야만 했다. 역시, 우리의 시티맨, 복수는 반드시 한다. 그것도 내가 부탁한대로 '절대 싸우지 않고', 내가 본 최고의 유쾌하고 뻔뻔한 복수를 했다. 하하하.

그러나 '거친 부부'이긴 우리도 만만치 않다. 무거운 배낭을 메고, 땡볕 아래, 배도 고픈데, 5킬로미터나 되는 그 길을 그냥 걸었다. 가는 길 내내 오토바이 택시들이 왜 생고생을 하느냐며 어서 타라고 손짓했지만 우린 이를 악물었다. 힘이 들어 아무 말도 나오지 않아 땅만 쳐다보며 걷다가 시티맨이 헉헉거리며 딱 한 마디를 했다.

"헉헉, 우리도 만만치 않아!"

하노이 특산요리 분짜. 동그랗게 빚어서 튀겨낸 돼지고기 동그랑땡과 쌀국수면을
특유의 달콤새콤한 소스에 적셔먹는 대표적인 서민 요리다.

하노이 분짜 사건

거친 부부는 베트남의 수도 '하노이(Hanoi)'에서 각자의 실력을 발휘했다. 세계에서 가장 복잡하고 가장 싱싱한 하노이의 구시장 골목, 온갖 물건, 온갖 먹거리, 온갖 삶이 살아 꿈틀대는 그곳에서 우리의 여행은 전투성을 띠었다.

"거기 섯!"

갑자기 성난 황소처럼 내달리는 시티맨을 나는 영문도 모르고 멍하니 쳐다보고 있었다. 시티맨은 바람처럼 순식간에 오토바이 한 대를 쫓더니 순간 주춤거리며 뒤를 돌아다본다. 나를 찾는 거구나 싶어 손을 한 번 흔들어주고 나도 열심히 쫓아갔다. 잠시 후 시티맨이 오토바이를 낚아챘다. 멀리서 베트남 사람들에게 둘러싸인 시티맨이 뭔가 실랑이를 한다. 잠시 후 씩씩거리며 돌아온 시티맨은 분이 안 풀리는지 사라지는 오토바이를 향해 소리쳤다.

"너는 오늘 죽을 뻔하다 살아난 줄 알어!"

그 오토바이가 조금 전 시티맨의 팔을 긁고 쌩 도망가 버린 것이다. 그는 이 복잡한

시장 통에서 나를 잃어버리기라도 할까봐 더 빨리 쫓아가질 못했다며, 상처까지 보여 줬는데도 그 녀석은 끝까지 '쏘리'란 말 한 마디 안 하는데 옆에 몰려든 베트남 사람들이 대신 '쏘리'를 연발하는 통에 더 이상 윽박지르지 못하고 돌아왔다고 한다.

"에잇! 다이다이 떠버려?"

"됐어! 다이다이는 이제 그만!"

그런데 정작 '다이다이'를 뜬 사람은 그가 아니라 나였다. 그 날 우리는 하노이의 특산 요리, '분짜(bun cha)'를 먹으러 '닥 낌'이란 식당에 갔다. '닥 낌'은 하노이 사람들에게 값싸고 맛있기로 유명한 집이다. 그런데 사람들이 왁자지껄 밥을 먹는 1층을 놔두고, 우리만 2층으로 안내되었다. 그리고 분짜 1인분에 무려 6만5천 동(약 4천 원)이란다. 밥을 먹고 난 다음 식당을 나오려다 입구에서 손님을 모으고 있는 닥 낌의 아저씨에게 시침을 뚝 떼고 물어보았다.

"분짜 하나에 얼마예요?"

아저씨가 당당하게 "4만5천 동!"이라고 한다.

"전 아까 여기서 6만5천 동에 먹었는데요?"

그 때 우리의 주문을 받은 여자가 냉큼 달려와서 베트남말로 무언가 속삭이자 남자는 슬그머니 꽁무니를 뺀다. 나는 울컥 화가 나서 목소리를 높였다.

"외국인이라고 바가지 씌우고 거짓말 하면 안 되죠!"

당황한 남자가 다시 여자를 불러 얘기하더니 "스프링롤을 네 개나 먹었잖아."라고 말한다. 나는 더욱 화가 났다. 나도 시티맨만큼이나 '당하는' 게 싫다.

"난 스프링롤을 네 개나 시킨 적 없다고요! 갖다 주기에 먹었을 뿐이라고요!"

"몰라, 몰라. 어째든 넌 먹었잖아."

남자도 여자도 먹었으니 할 수 없다며 내뺄 기세이다. 나는 완전히 폭발하여 소리를 질렀다.

"누가 거짓말 한 거얏!"

식당 안에서 분짜를 먹던 사람들의 시선이 일시에 나에게로 쏟아졌다. 그제야 바쁘게 분자를 만들고 있던 한 아주머니가 일어서서 나를 불렀다. 눈치를 보니 딱 껌의 주인인 듯 했다. 내가 손짓발짓 섞어가며 상황을 설명하자 미안하다며 3만 동을 돌려준다. 영문도 모르고 내가 날뛰는 걸 어리둥절 지켜보던 시티맨이 나중에야 물었다.

"돼지고기가 아니었던 거야?"

"응?"

"노 포(No pork)!"라고 소리쳤잖아."

"하하하. '포크(pork)'가 아니라 포(four). 스프링롤을 네 개(four)나 시킨 적 없다고. 소리 질렀더니 좀 살 것 같다."

"아이고, 속았어. '깡총깡총'이 아니라 '껑충껑충'이구만."

시티맨, 여태까지도 날 그렇게 몰랐단 말인가.

"이런 성질 왜 진작 안 보여줬어?"

"뭘? 우린 거친 부부잖아. 거친 부부. 헤헤헤."

'나와바리' 의 의미

하노이에서 우리의 여행은 새로운 국면을 맞고 있었다. 시티맨의 가슴속 무언가가, 잠자고 있던 전혀 새로운 에너지를 조용히 끓이기 시작했다. 날씨는 서늘해지기 시작했고, 우리는 야릇한 설렘을 품고 방한복과 등산화 등을 사러 다니며 하노이 구시장을 구석구석 돌아다녔다. 베트남은 맥주의 천국이다. 지역마다 이름도 종류도 다양한 여러 맥주가 있다. 북부지방의 '할리다(Halida)'와 '비아 하노이(Bia Hanoi)', 중부지방 휘의 '후다(Huda)'와 호이안의 '라루(Larue)', 남부지방의 'BGI'와 '바바바(333)' 등은 해외브랜드 맥주보다 훨씬 저렴하고 맛도 좋다. 시티맨은 어딜 가든 이 중에서도 최저가격 맥주를 발견해 낸다.

하노이를 떠나는 마지막 날 밤, 시티맨은 맥주 타령을 하다가 밤 9시가 넘자 더 이상 참지 못하고 달려 나갔다. 맥주를 한가득 껴안고 온 시티맨이 문을 벌컥 열자마자 숨을 헉헉거리며, "미노야, 드디어 내 '나와바리'의 의미를 깨달았어."라고 한다.

투본 강변의 조용한 마을 '호이안'은 17세기 국제무역항이었다.
3백 년 전 다국적 상인들이 실어온 중국, 일본, 유럽의 문화가 이 먼 베트남의
작은 강변에 박물관처럼 고스란히 남아 있다. 중국영화 속에서 보았던
그 정겹고 익숙한 '띵호와 마을'은 중국이 아니라 여기 베트남에 있다. 금방이라도
황비홍이 옷자락을 나부끼며 바람처럼 뛰어내릴 것 같다.

"응? 무슨 말이야?"

"나는 지도 없이도, 눈을 감고도, 길을 찾아다닐 수 있는 곳을 '나와바리'라고 여기는 것 같아. 나는 그런 곳이 편해."

하노이에서 밤 9시 반이면 거의 한밤중이다. 그 소란스럽던 시장 가게들은 모두 문을 닫고 길거리 노점상들도 하나 둘 철수하기 시작하는 시간이다. 자유로운 분위기의 호치민에 비해 베트남의 수도 하노이는 정부의 통제가 심하기 때문이다. 그는 한밤중의 컴컴하고 복잡한 하노이 구시가지 시장 통의 거미줄 같은 골목길을, 오로지 싼 맥주를 파는 가게를 찾겠다는 일념으로 더듬어 다녔던 것이다. 그리고 3일 동안 열심히 지도 공부와 실전 학습을 한 끝에 그는 드디어 눈감고도 시장통을 돌아다닐 수 있는 경지에 도달했다. 나와바리 없이 살 수 없는 남자, 시티맨에게, 여행의 진정한 맛은 낯선 땅에 새로운 나와바리를 건설하는 것이었다.

"어떡해. 실컷 나와바리 만들었더니 내일 떠나네."

"그러게. 여행은 나와바리를 완성하지 못하고 떠나야 하는 것인 것 같아. 그래서 힘든 거지."

맥주를 다 마시고 알딸딸하게 취기가 오른 시티맨은 은근하게 나를 불렀다.

"미노야."

"응?"

"내가 40년 동안 내 나와바리에서 혼자만 살았던 것 같다."

대한민국 모든 40대 남자가 그럴 것이다. 그들은 그들의 나와바리에서 외롭게 살아간다. 하지만 나와바리를 벗어나는 것은 쉽지 않다. 겁이 나지만 그는 마음을 남들에게 들켜서도 안 된다. 그러니까 평생 자신의 나와바리 안에서만 큰소리치고 사는 것이다. 자신의 나와바리를 조금만 벗어나면, 그 낯섦에, 그 불편함에, 온몸이 저항한다. 하지만 그 순간을 이기면, 나와바리를 자유롭게 드나드는 여유를 배운다. 시티맨은 지금 자신의 나와바리에서 자유로워지고 있는 중이다. 그는 지금 나와바리에서 날고 있다.

하노이의 길거리에는 '비아 호이'라고 부르는
직접 빚은 저렴한 생맥주를 파는 노천 호프집이 있다.

퇴근길에 인도 한 쪽을 점령하고
앉은뱅이 의자에 쪼그리고 앉아서
유쾌하게 생맥주를 마시고 있는
베트남 사람들을 어디서나 볼 수 있다.

호프집만큼 많은 또 하나는 커피숍이다.

베트남 커피만의 독특한 맛은 전 세계적으로 유명하다.
일반 커피의 반값 밖에 안하는
구수한 베트남 커피 한 잔에 나는 행복했고,
한 잔에 150원짜리 시원한 생맥주에
시티맨은 입이 찢어졌다.

mino story

TREVEL TO LOVE

CHINA

YUNNAN, FROM KUMING TO SHANGRI-LA

6

윈난성에서 사람에게 배우다

LESSONS FROM YUNNAN

쿤밍의 여행자들

이것이 바로 동양인 공통의 정서인가.
누구에게든 맘을 주기 시작하면
자신이 가진 건 뭐든 다 털어주고 싶어
하는, '의리'와 '정'이라는
질기고 끈적끈적한 마음의 진액.

　12월 초, 베트남을 넘어 드디어 광대한 중국 땅을 디뎠다. 나는 조금 지쳤고, 서울의 내 조그만 아파트가 그리워졌다. 시티맨과 함께 종로 거리를 걸으며 크리스마스를 즐기고 싶기도 했다. 그러나 나의 조용한 일상은 닿을 수 없는 꿈처럼 멀기만 했다. 가뜩이나 추위에 약한 내 몸은 오랜만에 맞는 겨울 날씨에 쇼크 증세를 보였다. 방콕으로 온 지난 8월 이후, 아니 한국에서 여름이 시작된 6월부터 따지면 장장 반년 동안 길고 긴 여름을 보냈던 것이다. 그리고 가을도 없이 갑자기 여름 나라에서 겨울 나라로 순간이동을 해버렸다.

　라오스, 미얀마, 베트남과 국경을 맞대고 있는 중국 서남부 지역의 '윈난성(雲南省)'. 해발 1400미터에서 4000미터에 이르는 고산지역에 다양한 소수민족이 살아가는, 깊고 깊은 중국 땅에서도 오지로 분류되는 곳이다. 소수민족들은 지금도 여전히 전통복장을 고수하며 전통적인 삶의 방식을 이어오고 있다. '따리(大理)', '리장(麗江)', '샹그릴라(中甸)'처럼 타임머신을 탈 수 있는 신비한 마을에는 중국 전역에서 관광객들이 몰려든다. 그곳은 현대 중국 속에 살아있는 중세의 중국이다. 윈난성은 마치 과거와 현재가 손을 잡고 나란히 함께 걸어가고 있는 것 같다.

　윈난성에서 우리는 한 달간 쉼 없이 기차와 버스를 갈아타며 이동했지만, 목적지는 단 한 곳이었다. '호도협(虎跳峽, 중국말로는 '후탸오샤')'. '호랑이가 건널 수 있을 정도로 좁은 협곡'이란 뜻이다. 해발 5,396미터의 합파설산(哈巴雪山)과 5,596미터의 옥룡설산 사이 좁고 가파른 낭떠러지 아래 시퍼런 물길이 굽이치는 걸 내려다보면 정신이 아찔하다. 내가 느끼기에 이 이름은 '호랑이가 겨우 타넘을 수 있을 만큼 깊고 험한 길'이란 뜻이다. 해발 3600미터를 넘어서는 하이킹 코스는 호흡하기 힘들만큼 고산병을 가져 온다. 깊은 협곡을 내려다보는 낭떠러지 끝에 30센티미터 폭으로 걸려 있는 아찔한 산길은 위험하기 그지없다. 호도협은 길이 험한 만큼 아직도 사람의 손을 타지 않아서 '중국 10대 절경' 중 하나로 꼽힌다.

　우리는 호도협 트래킹을 반드시 해내야 할 이번 여행 최고의 숙제로 받아들였다. 이것은 우연히 인터넷에서 발견한 어느 여행자의 블로그에서 촉발되었다. '헤어지고 싶은 연인이라면 호도협으로 가라'는 글이 거기에 있었던 것이다.

"당장 가자! 호도협으로! 절대 헤어지지 않는 연인도 있다는 걸 보여주겠어!"

그 글을 보자 시티맨은 큰소리를 쳤다. 인간의 인내심을 시험하고, 사랑하는 연인들의 서로에 대한 믿음마저 시험대에 오르게 하는 길, 웬만한 연인들은 내려오기도 전에 헤어지고 만다는 그 험한 길을 우리가 오르면 어떻게 될까. 이 숙제가 끝나면, 우리는 서로를 전혀 다른 시선으로 마주하게 될지도 모른다.

여행이라는 타임머신을 타고, 우리의 관계는 벌써 10년을 앞질러 버렸다. 함께 여행한 4개월 동안, 아침부터 밤까지 일분일초도 떨어지지 않고 꼭 붙어서, 하루에도 서너 번씩 세계 대전 같은 전쟁을 치렀다. 여행은 10년된 부부도 보지 못하는 서로의 바다 속 가장 깊숙한 곳을 단 몇달 만에 보여 준다. 보고 싶지 않은 그의 밑바닥을 보아야 했고, 나조차도 몰랐던 나의 밑바닥이 그에 의해 파헤쳐져 세상에 드러났다. 자신의 부끄러운 속살을 받아들이고 이해하는 건, 서로를 용서하고 이해하는 것만큼이나 아프고 힘들다. 그러나 새로운 숙제를 앞에 두고 보니, 우리에겐 아직도 얼마나 깊은지 알 수 없는 서로의 망망대해가 보인다. 여기까지 왔으니 우리 둘 다 반드시 '해피엔딩'을 하고 싶었다. 호도협이 해피엔딩의 극적인 무대가 될까. 아니면 인생의 혹독한 진실을 발견하고야 말 비극의 무대가 될까. 그러나 우리의 답은 전혀 뜻밖의 장소에 있었다.

아이 러브 유스호스텔

"실례합니다만, 여권을 주시겠어요?"

중국의 국경출입국사무소에 도착하는 순간 말끔한 제복을 차려입은 경찰이 친절한 얼굴로 우리의 여권을 들고 가더니 번쩍거리는 자동출력기에서 입국카드 한 장씩을 '드르륵' 뽑아준다.

"여기 서명만 하시면 됩니다."

"오호! 완전자동시스템! 중국 정말 짱인데."

베트남의 국경도시 '라오까이(Lao Cai)'와 중국의 국경도시 '허커우(河口)' 사이에는 백 미터 거리의 다리 하나가 놓여있을 뿐이다. 그러나 그 짧은 다리를 건너면 전혀 다른 세상이 펼쳐진다. 울퉁불퉁한 비포장 길도, 시끄러운 오토바이 경적소리와 먼지도 없고, 깨끗하고 넓은 고속도로와 반듯한 고층건물들 사이로 초현대식 고속버스가 매끄럽게 달리고 있을 뿐이다.

"오호! 반듯반듯! 질서정연해, 질서정연해."

"오호! 고속도로가 쫙쫙 뚫렸잖아! 아파트 봐봐! 각이 딱딱 잡혔잖아."

"오호! 오랜만에 이런 버스! 깨끗깨끗, 널찍널찍."

시티맨의 입에서 듣기 힘든 감탄사가 연거푸 쏟아진다. 우리가 오랜만에 초현대식 버스에 몸을 싣고 가는 곳은 윈난성 여행의 출발지, 해발 1890미터의 윈구이 고원(雲貴高原) 위에 자리한 도시 '쿤밍(昆明)'이다. 윈난성의 깊숙한 오지마을뿐 아니라 청두, 베이징, 상하이 등 중국 대륙의 주요도시들과 모두 연결되며, 베트남과 라오스로 오가는 여행자들의 길목인 쿤밍은 그야말로 윈난성의 시작이자 끝이다.(심지어 인천에서 직항편이 운행된다.)

그러나 우리는 중국에 와서도 아직 동남아 여행자의 고질병을 버리지 못했다. 지나친 친절을 베풀면 '사기'를 의심하고 버스터미널에서 도와주겠다고 나서면 '호객'을 의심하는 병. 중국의 국경도시 허커우의 버스터미널에서 배낭을 메고 두리번거리는 우리에게 아주머니 한 명이 다가왔다.

"쿤밍? 쿤밍?"

우리는 딱 보면 척이라는 듯이 단박에 호객꾼으로 낙인찍고 상대하지 않기로 했다. 그러나 이 아주머니, 사람 불안하게 매표소 창구까지 따라와서 무언가 중국말을 계속 쏟아낸다. 그리곤 창구에 손을 쑥 집어넣어 우리 표를 대신 받아 챙긴다.

"기브 미 티켓!"

반사적으로 방어태세에 돌입한 내가 위협적으로 말하자 아주머니는 어리둥절해하며 순순히 표를 내어준다. 그런데 문제가 발생했다. 쿤밍으로 가는 버스표에는 도저히 해독 불가능한 한문투성이 종이 한 장이 붙어있는 것이다. 우리가 열심히 들여다보고 있는 걸 보고 아주머니가 또 다가온다.

"오케이! 오케이!"

무슨 말인지 모르겠으나 붙어있는 종이가 별 거 아니라는 뜻이리라. (나중에야 알았는데, 그건 일종의 상해보험이었다. 쿤밍까지 버스표는 139위안인데, 거기에 4위안 짜리 보험증서가 따라붙는다.) 그런데 또 이 아주머니가 수상한 짓을 시작한다. 갑자기 우리 배낭을 끌고 가려는 게 아닌가.

"돈 터치!"

이번에는 시티맨이 버럭 소리를 질렀고, 아주머니는 진짜 깜짝 놀랐다. 영문을 모르겠다는 듯 우리를 쳐다보더니 손가락으로 어딘가를 가리킨다. 아하, 짐 검색대로 옮기려고 했던 거구나. 나중에 알게 된 건데, 중국의 기차역과 버스터미널은 어디나 철두철미한 검색시스템을 갖추고 있었다. 그나저나 저 아주머니 왜 우리를 도와주지 못해 안달일까. 이쯤 되니 영문은 모르겠지만 슬쩍 미안해진다. 그런데 버스에 오르는 순간 모든 의문이 풀렸다. 아주머니는 그 버스의 안내원이었다. 외국인들은 대개 쿤밍으로 가니까 아주머니의 버스를 이용했을 거고, 그녀는 매번 중국의 낯선 버스 시스템에 우왕좌왕하는 외국인들을 보아왔을 것이다. 아주머니는 이런 외국인을 도와서 버스에 태우는 것이 자신의 할 일이라고 여겼던 것 뿐, 사기꾼도 호객꾼도 아니었던 거다.

차표를 확인하러 다니는 아주머니가 우리를 보고 '씨익' 웃는다. 우리는 둘 다 얼굴이 빨개졌다.

"중국은 참 친절해."

안내원 아주머니 사건 이후로, 우리는 의혹과 긴장으로 무장된 가슴의 빗장을 풀기로 했다. 그리고 또 하나, 중국 여행의 좋은 점이 있었다. 시티맨이 그토록 소원하던 것이 중국에 와서야 실현된 것이다. 여기서부턴 당당히 '영어'를 버려도 상관이 없다. 이제 영어가 아니라 한자를 가진 자가 이 여행에서 권력을 장악하리라! 그러나 한자 실력은 시티맨이나 나나 거기서 거기. 4개월간 유지된 권력의 한 축이 무너지고 시티맨과

나 사이에 진정한 힘의 균형이 도래했다.

쿤밍의 버스터미널에 도착했을 때는 이미 시내버스 막차 시간이 다가오고 있었다. 터미널은 시내에서 멀리 떨어져 있었고, 우리에게는 가이드북에서 찾아둔 유스호스텔 이름과 주소밖에 아무 정보도 없었다. 그 때, 시티맨은 당당히 "내가 해결할게!"라고 선언했다. 그는 시내버스 정류장 바로 옆의 파출소를 두드려 한자로 커다랗게 메모한 유스호스텔의 주소를 보여주었고, 잠시 후 브이 자를 그리며 "64번 버스야!"라고 외친다.

"잠깐만! 또 하나 해결해야 할 게 있지!"

시티맨은 이제 자신이 여행의 전권을 쥐고 흔들겠다는 속셈을 숨기지 않았다. 수첩에다 일(一)부터 십(十)까지 숫자를 쓰더니 정류장에 서 있는 한 남자에게 들이민다.

"이-위안? 얼-위안? 싼-위안? 쓰-위안?"

남자가 고개를 갸우뚱거리자 시티맨은 그를 다그치며 다시 반복한다.

"버스! 버스! 이-위안? 얼-위안? 싼-위안? 쓰 위안?"

나도 못 알아들었는데 남자의 얼굴이 밝아지며 "오호! 이-위안!"이라고 외친다. 그러니까 시티맨은 버스비가 얼마인지 묻고 있었고, 남자는 1위안이라고 알려준 것이다.

"흐흐 몰랐지? 나 고등학교 제2외국어가 중국어야. 이-얼-싼-쓰-! 음하하하!"

그러나 그 무엇보다도 시티맨을 단번에 사로잡은 게 있었다. 유럽에 뒤지지 않을 만큼 훌륭한 중국의 유스호스텔들이었다. 그는 태어나서 처음으로 유스호스텔에 와 보았고, 손에 맥주 한 병씩을 든 여행자들이 마당에서 당구와 탁구를 치며 웃고 떠드는 유쾌한 소란이, 깨끗한 침대와 깨끗한 화장실이, 여기저기 놓여있는 푹신한 소파들이, 누군가는 홀로 앉아 책을 읽고 누군가는 소곤소곤 이야기를 나누는 느긋한 평화가, 그 모든 낯설고 신선하고 안락하기까지 한 '자유의 공기'가 시티맨을 완전히 매료시켰다. 그는 부엌을 발견하더니 당장 달려가서 배낭 깊숙이 넣어둔 라면을 꺼냈다. 프놈펜의 한인슈퍼에서 산 이 소중한 라면은 그동안 끓여먹을 데가 없어 품고만 다녔던 것이다.

"아싸! 우리 이제 유스호스텔만 이용하자!"

뜨끈한 라면은 그날 하루를 완벽하게 종결시켜주었다.

새로운 '히로 상'의 등장

그가 유스호스텔을 좋아하게 된 데에는 몇 가지 이유가 더 있다. 그가 좋아하는 빨래를 마음껏 할 수 있다는 것, DVD를 공짜로 볼 수 있다는 것, 그리고 붙잡고 수다를 떨 사람들이 널려있다는 것이었다. 동남아를 여행하는 동안은 이렇게 열린 장소에서 자유롭게 다른 여행자들을 만날 기회가 많지 않았다. 여행자들의 만남은 주로 숙소에서 이뤄지는 법인데, 우리가 거쳐 온 숙소들 대부분이 (동남아 숙소들은 대개 그런 형태이므로) 독립적인 호텔방 형태였기 때문이다.

시티맨에게는 나 말고도 친구가 필요했던 거다. 나처럼 말 안 듣고 까다로운 여자 말고, 동대문 시절의 아그들처럼 그를 형님으로 떠받들며 말 잘 듣고 충성도 높은 녀석을 한 명 옆에 끼고 다니고 싶은 것이다. 그리고 마침 그의 취향에 딱 맞는 '녀석'이 나타났다. 중국 국경을 넘어오기 전, 베트남의 마지막 도시 라오까이에서 만난 일본인 '히로'였다.

"히로들은 다 나를 좋아하나봐. 방콕 히로도, 여기 중국 히로도 그렇잖아."

운명적이게도, 히로가 맨 처음 시티맨의 눈에 띈 건 3주 전 베트남 중부의 '호이안 (Hoi An)'에 있을 때부터였다. 어깨를 웅크리고 홀로 두리번거리는 동양인 남자가 유난히 시티맨의 마음을 쓰이게 했다. 저절로 "이 형님이 도와줄게!"라고 외치고 싶어지는 녀석이었다. 그런데 호이안 북쪽의 '훼'에서 녀석을 한 번 더 마주쳤다. 그 때도 시티맨은 "저 녀석 한국인일까?"라며 궁금증을 견디지 못하더니 지나가는 그를 불러 "헤이! 아 유 코리안?"이라고 물어보았다. "노, 노, 아임 재패니즈……."라며 녀석이 당황하여 더듬거리자, 시티맨은 몹시 실망하여 "한국인이면 밥 한 끼 사줬을 텐데."라고 중얼거렸다.

그리고 여기 중국으로 넘어오는 길목에서, 히로는 또다시 시티맨 앞에 나타났다.

어디나 여행자가 이동하는 길이 비슷하긴 하지만 이토록 일정이 딱딱 맞기도 힘들다. 새벽 일찍 우리 세 명은 열리지도 않은 국경 앞에서 차가운 새벽 공기를 마시고 있었다. 히로는 나풀거리는 인도 산 마 바지에 추위를 견디기엔 턱없이 얇은 점퍼를 입고 맨발에 샌들을 신고 있었다. 얼굴은 새카맣게 그을어 척 보기에도 반 년 쯤은 더운 나라를 여행하고 온 것 같다.

"대체 얼미나 여행했기에 몰골이 저 모양이야? 하우 롱 트래블?"

"원 먼쓰……."

"고작 한 달? 와이 유어 페이스 블랙?"

"에, 인디아, 아이 워즈 인디아."

나는 한눈에 히로가 시티맨의 '아그'가 될 것임을 알아보았다. 그는 시티맨과 별반 다를 것 없는 수준의 영어를 구사했고, 그 점이 시티맨의 마음에 꼭 들었다.

"아이 라이크 유어 잉글리시! 세임 미 투!"

물론 히로는 아직 그의 아그가 될 마음의 준비가 전혀 안 되어 있었다. 혼자 다니는 게 외로워 보인다는 시티맨의 염려와 달리, 그는 말수가 적은데다 혼자 다니는 걸 편하게 여기는 독립적 성향의 여행자였던 것이다. 굳이 어느 쪽이냐 하면, 시티맨보다는 나의 성향 쪽에 딱 맞는 친구였다. 그런데 사소한 사건 하나 덕분에 시티맨은 쉽게 히로를 접수할 수 있었다.

"유 노우? 유 니드 5천 동!"

우리는 베트남 국경을 넘을 때 출국세 5천 동이 필요하다는 소문을 들었고, 그걸 대비해 베트남 동을 조금 남겨두었었다. 히로는 처음 듣는 말이라는 듯 깜짝 놀랐다.

"에, 소데스까?('그래요?'라는 뜻의 일본어. 한국어나 영어나 제 맘대로 마구 섞는 시티맨과 똑같다.) 빅 프라블럼 데쓰."

시티맨은 두 번 생각하지 않고 히로에게 남은 5천 동을 쓱 내밀었다.

"오! 땡큐! 땡큐! 코리안 베리 베리 카인드!"

그 때부터 히로는 시티맨에게 딱 붙어 쿤밍의 유스호스텔까지 따라온 것이다.

호스텔 벽에 붙은 윈난성 주요 도시 날씨.

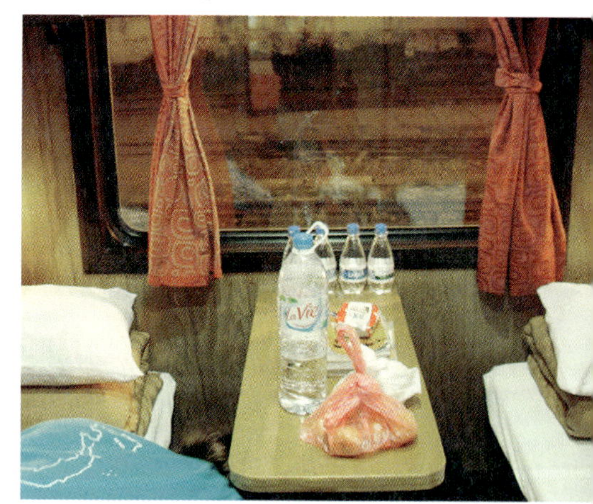

시티맨의 아그가 된 히로.

하노이에서 중국 국경까지 타고 온 침대 열차.

남자와 쇼핑

감기에 옴팡 걸린 내가 하루종일 전기장판이 깔린 침대 속에 웅크리고 있는 동안, 온열동물 시티맨은 "아! 오랜만에 시원하다!"며 물 만난 고기처럼 펄떡거리고 돌아다녔다. 아침 일찍 기운차게 일어난 시티맨은 몸져누운 나에게 아침밥을 먹인 후 "걱정 마! 중국은 나한테 맡겨!"라고 선언한 뒤 히로를 데리고 룰루랄라 중국 정복에 나섰다.

"짜잔!"

시티맨이 입이 헤벌어져 나타났다. 그러나 나는 경악을 금치 못했다. 시티맨이 생애 첨으로 대형마트에서 '쇼핑'이란 걸 해갖고 왔는데, 중국 여행 시작부터 짐이 될 게 뻔한, 배낭여행자에게는 절대 어울릴 수 없는, 커다란 찻잎통과 커다란 찻주전자였다! 게다가 배낭여행자가 절대 배낭에 넣지 않는 금지물품 리스트 1호, '유리' 주전자였다. 남자는 왜 쇼핑에 소질이 없을까.

쇼핑이 죽어도 싫다는 시티맨에게 평소에 옷은 어떻게 사 입느냐고 했더니 "엄마가 사다주면 입고, 형이 입던 것 입고, 뭐 그렇지."라고 말한다. "그럼 장도 안 보고 밥은 어떻게 해먹어?"라고 물으면 "엄마가 해주는 김치랑 반찬이랑 먹지. 아니면 시켜먹든가." 역시, 그렇군, 한국남자가 쇼핑에 약한 것은 다 쇼핑을 대신 해주는 '엄마' 때문이다. "시티맨, 알고 보니 마마보이잖아!"라고 놀렸더니 시티맨은 펄쩍 뛴다. "마마보이 아냐! 절대 아냐!" 흥, 대한민국 남자들은 잠정적으론 모두 마마보이이다.

"한 잔 마셔봐! 감기! 확 그냥! 다 달아날 거야!"

시티맨이 주전자를 애지중지 가슴에 품고 가더니 차를 끓여왔다. 과연, 뜨끈한 차 한 잔을 마셨더니 추위에 굳어버린 근육까지 풀리는 것 같다.

"이거 갖고 다니기 힘들지 않을까?"

나는 유리 주전자를 만지작거리다가 눈치를 보며 슬쩍 말을 꺼냈다.

"괜찮아. 내가 다 들면 돼. 미노만 따뜻하다면 이것쯤이야!"

몇 달 간 사나흘에 한 번씩 배낭을 싸고 푸는 바람에 시티맨은 '짐싸기의 달인'이 되었다. 이제부턴 짐을 쌀 때 맨 마지막으로 유리주전자를 조심히 챙겨 넣는 게 시티맨

의 숙제다. 나는 중국여행 내내 그 유리 주전자를 품에 끼고 살았다. 그게 없었다면 아
마도 해발 몇 천 미터 고지의 거친 바람을 견디지 못했을 것이고 한 달간의 중국여행
은 불가능했을 것이다. 시티맨은 쇼핑에 새로운 취미를 붙였다. 바퀴가 고장난 캐리어
가방을 버리고 크고 튼튼한 배낭을 하나 샀다. 그리고 여행용품점의 이것저것을 관심
있게 뜯어보더니 가스버너와 코펠과 커다란 부탄가스를 사겠다고 한다.

"짐 될 텐데?"

"괜찮아! 내가 다 든다니깐! 이제 내가 매일매일 밥도 해주고 라면도 끓여줄게. 나
한테 다 맡겨! 우하하하!"

미얀마 여행자 치치 이야기

한겨울에도 반팔 티셔츠를 입고 돌아다니는 시티맨이 쿤밍을 떠나는 날 아침부터
두통을 호소하며 눈물 콧물을 흘렸다. 그 동안 우리가 전혀 생각지 못했던, 그러나 모
르고 여행을 계속했으면 큰일날 뻔 했던 그것을, 우리는 전혀 깨닫지 못하고 있었다.
바로 그 때 그녀가 나타났다.

"핸섬 오빠!"

갑자기 누군가 시티맨의 등이 부서져라 내려친다.

"우와! 치치!"

나는 그제야 그녀를 알아보았다. 치치는 방콕의 동대문 시절 시티맨의 아그들 중에
유일한 여자 멤버였다. 그녀는 시티맨이 가르쳐준 대로 항상 그를 '핸섬 오빠'라고 부르
며 따라다녔다. 아니, 사실은 시티맨과 그의 아그들 모두 그녀를 따라다녔다. 정신없이
분주한 성격에 매일 무언가 잃어버리고, 멤버들이 잠시라도 그녀에게 한눈을 파는 순
간엔 길을 잃어버리고 마는, 아이처럼 밝고 사랑스러운 여자였다.

"아냐! 치치는 여자 아냐!"

여자였다면 절대 그의 아그가 될 수 없었다고 시티맨이 발끈한다. 치치는 그녀 스
스로 '난 여자 아니야'라고 말했다고 한다. 사내아이처럼 옷을 입고 건들건들 걸으며

아무나 어깨를 툭툭 치고 다니는 그녀의 행동거지는 아무래도 남자 같기는 하다. 치치는 웬만해선 여자와 놀지 않는다. 그녀의 친한 친구들은 죄다 남자이다.

국적은 미얀마, 그러나 중국인이다. 그래서 미얀마어, 중국어, 영어까지 쓴다. 지난 8월에 시티맨이 한국에 돌아갔을 무렵 그녀는 미얀마로 돌아갔고, 며칠 전에 다시 중국으로 왔다. 그리고 이 넓은 중국 땅에서 하필이면 여기, 쿤밍의 '클라우드랜드 유스호스텔'에서 운명처럼 마주쳤다. 나는 태어나서 미얀마 국적을 가진 사람을, 그것도 외국으로 여행을 나온 미얀마인을 처음 보았다. 국제사회에서 불량국가로 낙인찍힌 미얀마는 육로로 넘을 수 있는 국경은 모두 폐쇄되어 비행기로 밖에 갈 수 없는, 아시아 대륙 한가운데 있으면서도 마치 섬나라처럼 고립된 곳이다.

"미얀마 사람도 해외여행 할 수 있어?"

"음, 좀 어려운데 뭐, 난 괜찮아. 반은 중국인이니까."

치치는 무언가 진지하고 복잡한 대화라면 질색이다. 그녀는 시티맨만큼이나 "인생 뭐 있어! 인생은 심플이야!"를 외치는 사람이다. 치치는 금세 자신의 절친이라며 중국 남자 한 명을 끌고 와서 우리 앞에 턱하니 앉혀놓는다. 친구의 설명이, 치치가 윈난성 어딘가 조그만 가게를 사서 장사를 할 생각이란다. 싸고 질 좋은 미얀마 '옥'을 중국에 와서 팔아보는 게 그녀의 계획이었다.

그녀 나이 겨우 스물 여덟. 그러나 국경을 넘는 야심찬 사업을 실행에 옮기고 있다. 그녀에게는 아무도 절대 한 자리에 옭아맬 수 없을 것 같은 자유분방함, 씩씩하고 유쾌한 삶의 생기가 느껴졌다. 갑자기 사라졌던 치치가 커다란 '시바스 리갈' 한 병을 들고 나타났다.

"치치, 우린 못 마셔. 오늘 밤 기차를 타야 하거든."

"아, 노, 노! 우리가 어떻게 다시 만났는데 금방 헤어지려고?"

손사래를 치는 우리말은 전혀 아랑곳없이 커다란 유리잔에 술을 따라 버린다.

"괜찮아, 괜찮아. 기차 혼자 가라 그래. 오늘 밤에 가지 말고 나랑 놀자. 여기 진짜 맛있는 중국레스토랑 가서 내가 한턱 쏠게!"

시티맨이 사랑에 빠진 클라우랜드 유스호스텔.

클라우랜드 유스호스텔의 옥상. 이곳에서 원난성 여행자들의 이야기가 시작된다.

미얀마 여행자 치치.

239

"드디어 네 나와바리에 왔다 이거지? 아이고 얻어먹어야 하는데……."

몹시 솔깃한 말이지만, 우리에겐 '히로'가 있었다. 게다가 오늘은 건강하던 시티맨이 심상치 않은 두통까지 시달리고 있으니 파티는 아무래도 무리다. 그런데 설명을 듣던 치치가 갑자기 또 쌩 하니 사라졌다가 한참 후에 나타난다. 그녀가 우리 앞에 약 상자 하나와 일킬로그램이나 되는 커다란 가루 봉지 하나를 내밀었다.

"핸섬 오빠! 이거 먹으면 괜찮을 거야."

그제야 우리는 시티맨의 증세가 '고산병'이라는 걸 깨달았다. 아무런 준비 없이 갑자기 해발 2천 미터에 가까운 고지로 올라와 버렸으니, 게다가 간만에 신이 나서 아침부터 저녁까지 무리하며 돌아다니기까지 했으니 병이 날 만도 하다. 아무리 무쇠 같은 시티맨이라도 생전 처음 접해보는 고산 기후에는 안정을 취하며 천천히 적응하는 시간이 필요했던 것이다.

나 역시 감기 몸살인 줄만 알았더니 고산병을 앓고 있었다. 고산지역으로 갈 때는 첫 날 아침 눈을 떴을 때 두통을 느끼는지 주의 깊게 살펴보아야 하고, 조금이라도 두통 증세가 있으면 고산병의 신호이니 약을 먹고 안정을 취해야 한다. 치치가 알약 상자와 가루약 봉지를 들고 자세히 설명해 주었다. 알약은 고산지역으로 가기 일주일 전 한 번에 한 알 혹은 두 알씩 세 번을 나누어 먹어야 하고, 도착해서 증세를 느끼면 다시 먹기 시작한다. 가루약 봉지는 '포도당'이었다. 갑자기 체력이 떨어지면 포도당 가루를 따뜻한 물에 타서 마셔야 한다.

"고마워! 치치!"

"유 아 마이 프렌드! 노 프라블럼!"

그러고도 곧 헤어져야 하는 게 못내 아쉬운지 "더 도와줄 거 없어? 말만 해! 여긴 내 나와바리야!"라고 몇 번이나 말하더니 갑자기 핸드폰의 심 카드를 꺼낸다.

"이거 가져갈래?"

이것이 바로 동양인 공통의 정서인가. 누구에게든 맘을 주기 시작하면 자신이 가진 건 뭐든 다 털어주고 싶어 하는, '의리'와 '정'이라는 질기고 끈적끈적한 마음의 진

액. 우리는 크리스마스 즈음에 베이징에서 꼭 다시 만나자는 말로 아쉬움을 위로하고
헤어졌다. 그러나 그 후로 치치를 다시 만나지는 못했다. 여행자는 아무것에도 얽매임
없이 발걸음이 닿는 길로 가는 사람이다. 그 어느 길목에서 또 뜻밖의 인연이 다시 만
난다. 언젠가는.

어느 여행자의

꿈,

따리

남문을 지나 서문으로 꺾어지는 길에
한눈에도 혼자 여행 온 것임에 분명한 여자가
담배를 피우며 멀리 호수가 걸려있는
풍경을 향해 앉아있었다.
나는 그녀의 뒷모습에서 눈을 떼지 못했다.

"헤이 히로! 유 컴 따리!"

우리는 히로와 함께 그가 그토록 꿈꾸던 '따리'에 왔다. 중국 국경을 넘을 때부터 히로의 마음속엔 오로지 따리, 따리밖에 없었다. 따리는 3천 년의 역사를 자랑하는 고대 왕조의 도읍이다. 중국의 당나라 시절에는 지금의 미얀마인인 버마족이 세운 '남조'의 수도였고, 송나라 시절에는 남조를 계승한 '대리국'의 수도였다. 지금은 중국의 56개 수수민족의 하나인 '바이족(白族, 흰색을 숭상하는 부족으로 알려짐)' 자치지구이다. 아름다운 따리 고성 안에는 고대 도읍의 풍경이 고스란히 재현되어 있고, 평일에도 늘 관광객들이 북적거린다. 외국인도 많지만 단체로 구경 온 중국인들이 더 많다. 그러나 이런 모든 것들은 히로가 꿈꾸는 따리와는 아무 상관이 없다.

"아노, 아이 켄트 세이! 덴저러스!"

우리가 왜 그렇게 따리에 목을 매느냐고 물었을 때, 히로는 그렇게만 답했다. 한마디로 '알면 다친다.'는 말이리라. 그러나 나는 그 이유를 짐작하고 있었다. 따리는 그 모든 화려한 수사를 벗겨내고도 배낭족들이 꼭 한 번은 가보고 싶어 하는 '중국 배낭족들의 2대 명소'로 꼽힌다.(다른 한 곳은 광시 성의 '양쉬(楊朔)'이다.) 라오스로 치면 '방비엥', 캄보디아로 치면 '시하눅빌'과 같다고나 할까. 자유와 나른함과 은밀한 위험이 공존하는 곳. 유별난 애연가인 히로가 찾는 건 아마도 일종의 '해피 시가레트(happy cigaret)'일 것이다.

깡마른 체구의 히로는 밥을 많이 먹지 않는다. 경비를 아끼느라 그런가 해서 식사 때마다 히로를 불러도 그는 몇 숟가락도 뜨지 않고 금방 배부르다고 한다. 대신 담배를 맛있게 피우며 "나의 밥은 따로 있어."라고 말했다. 그리고 그 최고의 밥이 바로 여기, 따리에 숨어있었다. 그런데 아침부터 외출했다 돌아온 히로의 표정이 어둡다.

"빅 프라블럼 데쓰! 음."

그의 말이 고성 안에서 일본인 여행자를 만났는데 요즘 중국에서 일본인을 살피는 눈초리가 심상치 않다는 것이다. 우리가 중국에 있었던 그 시기는 마침 한중일 삼국에 여러 가지 복잡한 일들이 벌어지고 있었는데, 그 중에 하나가 연평도 폭격사건이다. 텔레비전 뉴스마다 대문짝만한 헤드라인이 뜨며 연일 그 사건을 보도했고, 중국인들은 우리에게 한국에 전쟁이 났는데 무섭지 않느냐고 묻곤 했다. 한국의 인터넷 사이트에 들어가 보면 밖에서 보는 것보다 오히려 국내 사정이 너무 평화롭다는 게 신기하기도 했다.

중국어를 알아들을 수만 있다면 국내의 제한된 정보보다 훨씬 다양한 외신정보를 얻을 수 있었을 것이다. 중국과 일본 사이에는 그해 9월의 중국인 어선 선장 '잔치슝'의 일본 억류 사건으로 인해 중국내 반일감정이 폭발하던 시기였다. 사건이 일어난 '댜오위다오(釣魚島, 일본어로는 '센카쿠 열도')'는 한·일간의 독도만큼 민감한 중·일간의 영유권 분쟁 지역이다. 그런데 정치 문제든 경제 문제든 세상의 모든 소란을 뒤로 하고, 오로지 '해피 시가레트'과 '행복'을 찾아 여기까지 온 히로가 그 역풍을 맞았다.

근래 들어 중국 공안 당국은 그 동안 묵인해오던 사소한 일들을 모두 꼬치꼬치 걸고 따지며 중국 내의 일본인들을 감시하기 시작했다고 한다. 사업가이건 여행자이건 조그만 꼬투리라도 걸리면 바로 잡아간다는데, 알다시피 중국의 감옥은 일본뿐 아니라 그 어떤 외국정부도 함부로 열 수 없는 무시무시한 치외법권 지역이 아닌가. 중국 공안은 원래 중국 내 모든 숙소 투숙객들의 신원을 철저히 파악한다고 알려져 있다. 숙소에 묵을 때 우리가 제일 먼저 해야 하는 일이 꼼꼼하게 숙박계를 쓰는 것이다. 히로의 말에 의하면 일본인은 숙박계를 쓰는 즉시 공안 당국에 신고 되고, 숙소 주인의 엄중한 감시를 받게 된다고 한다.

큰일이든 작은 일이든 세상사는 모두 물고 물린다는 이 놀라운 법칙! 혹은 이 엄청난 나비효과! 아무리 자유로운 영혼을 꿈꾸며 세상을 등지고 길을 나선 여행자도 세상의 복잡다단한 변화의 속도에서 벗어날 수 없는 걸까. 이 먼 윈난성 오지까지도 인터넷이 들어와 있고 24시간 텔레비전 뉴스가 업데이트되는 세상에, 여행자가 숨을 수 있는 곳은 어디에도 없다. "에브리띵 이즈 피니쉬!" 다 끝났다는 절망감에 히로는 깊

따리 고성의 성벽은 8미터 높이에
총 길이 3.8킬로미터. 여기서 내려다보면
숲처럼 빽빽한 기와 지붕들,
쇼핑 거리, 시장과 학교,
크고 작은 불교 사당들뿐 아니라
교회와 이슬람 사원이 보인다.

은 한숨을 내쉬었다.

히로와는 달리, 시티맨은 따리에 오자마자 더욱 펄펄 날아다녔다. 치치가 준 알약이 효과가 있었는지 두통도 말끔히 사라졌고, 지도 한 장만 있으면 사흘 만에도 정복해버릴 수 있을 만큼 아담하고 네모반듯한 골목들이 딱 마음에 든다. 우리가 머물고 있는 '제이드 에무 호스텔'은 따리 고성의 서문 밖 언덕 위에 있었다. 고성 안의 집들처럼 옛날식 가옥으로 지어져, 바이족의 상징인 순백의 벽을 두르고 회색의 기와지붕을 우아하게 얹은 'ㄷ'자 건물 안에는 아담한 정원도 있다. 미리 예약을 부탁하는 메일을 쓴 덕분에 방값도 10위안이나 할인받았다. 이것저것 기분이 좋아진 시티맨은 짐을 풀자마자 자진해서 내 손을 이끌고 호스텔 옥상에 올라왔다.(프놈펜 편에서도 얘기했지만, 그는 옥상에 올라가는 걸 싫어한다.)

"경치 조—오—타!"

참 별일이다. 그의 입에서 '경치'란 말이 나왔다.

"우리 따리에서 오래 오래 있어도 돼?"

이건 더 놀라운 말이다. 언제나 더 있자고 하는 쪽은 나였던 것이다.

"그럼?! 시티맨 있고 싶을 때까지 있자!"

그러나 우리의 바람과는 달리, 생각지 못한 복병이 있었다. 히로의 말대로 과연 호스텔 주인인 호주 남자는 괜히 히로 주위를 어슬렁거리며 눈치를 살폈다. 그가 혹시 '해피 시가레트'라도 피우고 오지 않았나 감시하고 있다는 걸 누구라도 느낄 수 있었다. 더욱 심각한 것은, 히로와 일행이라는 이유로 우리까지 그의 감시망에 들어간 것이다. 나는 신경이 곤두선 나머지 따리의 첫날밤부터 악몽을 꾸었다. 시티맨과 뿔뿔이 흩어져 중국 감옥에 갇혀버린 꿈! 그러나 히로의 스트레스는 나와는 비교도 안될 만큼 심각했다. 식음을 전폐했고, 눈 밑에는 피멍이 든 것처럼 다크 서클이 졌으며, 우리가 하는 말에 집중하지도 못하고 안절부절하면서 공허한 표정으로 담배만 피워댔다. 결국 다음 날 히로는 체크 아웃을 하고 우리와 헤어져 다른 숙소로 갔다.

"나 왠지 히로가 불쌍해."

나는 깜짝 놀라 시티맨을 바라보았다. 그는 방비엥에서부터 '히피'니 '해피'니 그 따위 개인의 행복만 추구하는 이기적인 영혼들의 방탕한 '짓거리'들을 절대 용납할 수 없다고 했던 것이다. 시티맨은 히로를 좋아했다. 하지만 그를 이해하진 못하겠노라, 말했었다.

"왜?"

"저렇게밖에 행복할 수 없는 걸까?"

"행복을 찾는 법은 개인마다 달라서……."

나는 조심스럽게 내 생각을 꺼내 놓았다.

"그의 방법이 맞다 틀렸다 말할 수 없는 것 아닐까?"

그 순간 시티맨이 어떤 의미인지 알 수 없는 한숨을 내쉬었다.

"행복하지 못한데도 꾸역꾸역 참고 사는 사람들보다는 저렇게 적극적으로 자신의 행복을 찾아다니는 게 더 나아 보여."

"끄응."

그는 한숨을 한 번 더 쉬더니, 놀랍게도, 이렇게 말했다.

"그렇구나."

따리를 떠나기 전 날, 우리는 히로를 만나 저녁을 먹었다. 히로는 떠나기 전과는 달리 몹시 행복해진 얼굴로 우리 앞에 나타났다. 사뭇 진지해진 시티맨이 히로에게 말했다.

"히로, 아이 원트 유아 해피(나는 진심으로 네가 행복해졌으면 좋겠어)."

"엥? 아이 원트 시티맨 상 엔드 미노 상 해피(나도 시티맨 상과 미노 상이 행복하길 바라)"

히로는 시티맨의 평소답지 않은 심각한 표정에 어리둥절해졌다.

"그래그래, 건빠이!"

우리는 맥주잔을 부딪치며 다른 얘기들을 했다. 히로가 여행했던 인도 이야기, 우리가 여행했던 라오스 이야기, 앞으로 우리가 여행할 곳들에 대한 이야기……. 다음날

홀로 여행온 여자의 저 자유롭고 자신만만한 뒤태, 그리고 웨딩드레스를 입고 남자에게 안긴 여자의 저 귀엽고 촌스러운 뒤태!

우리가 타고 떠날 버스가 왔을 때, 골목 끝에서 헐레벌떡 뛰어오는 히로가 보였다. "마지막 인사도 못하고 헤어질까봐 걱정했어."라며 히로는 시티맨을 덥석 껴안았다. 그는 우리가 사라질 때까지 오래도록 손을 흔들고 서 있있다.

얼하이호 전기 자전거 하이킹

따리에서의 3일째 날, 시티맨은 나를 끌고 호스텔 지붕 위의 옥상에 올라갔다.

"저 멀리 보이지, 저기가 호수야."

따리 고성은 만년설이 첩첩이 겹쳐 있는 창산(蒼山) 산맥의 19봉우리 18계곡과, 면적이 249제곱킬로미터나 되는 넓고 푸른 얼하이(洱海) 호수에 둘러싸여 있다. 그래서 윈난성의 고성 중에서도 가장 빼어난 경치를 자랑한다. 호스텔 옥상에서는 수킬로미터 떨어진 얼하이 호수 자락이 가물처럼 뿌옇게 보인다.

"밥 먹고 저기 가 보자!"

시티맨이 웬일로 물가에 놀러가자고 한다. 자기가 이미 가는 길도 다 연구해 놓았다고 한다. 그리고는 호스텔에서 빌려온 그만의 비밀병기를 보여주었다. 그것은 우리가 중국에서 생전 처음 목격한 '전기 자전거'였다. 중국은 세계에서 가장 이산화탄소 배출량이 많은 나라로 알려져 있지만, 윈난성의 친환경 정책은 놀라운 수준이다. 슈퍼마켓에는 비닐봉지 대신 에코백을 쓰게 하고 거리의 오토바이 대부분이 휘발유가 아니라 전기로 다닌다. 전기 오토바이의 문제는, 너무나 소음 없이 조용히 달려서 옆을 지나갈 때마다 깜짝깜짝 놀란다는 것이다.

"호수 한 바퀴 도는데 얼마나 걸리는지 물어 봐."

역시 시티맨은 통이 크다. 그러나 전기 자전거를 빌려주던 호스텔 매니저의 얼굴은 사색이 되었다.

"노! 노! 이걸로는 호수까지 못가요. 나는 당신들이 고성 안을 돌아보는 줄 알았지. 거기 갈 거면 절대 못 빌려줘요."

아무리 전기로 달린다 해도 이건 명색이 '자전거'란 말씀. 윈난성에서 두 번째로 크다는 그 넓은 호수를 한 바퀴 돌겠다니, 뭐 그런 어처구니없는 생각을 하는 녀석이 다 있느냐라는 표정이다. 시티맨은 알겠노라고 얼버무리고 나를 태워 호스텔 문을 나서자마자 호수를 향해 힘차게 페달을 밟았다.

"시티맨, 괜찮을까? 진짜 호수를 한 바퀴 도는 건 아니지?"

"안 되는 게 어딨어! 인생은 도전이야!"

전기 자전거는 페달을 밟으면 금방 가속이 생기고, 페달을 놓아도 그 속도를 유지하며 움직인다. 그것은 시티맨이 좋아하는 반듯반듯한 길들을 쭉쭉 미끄러져 나갔다. 그런데 따리 고성 동문 밖의 4차선 대로 너머, 그의 '시티'는 사랑하는 아스팔트 도로와 함께 끝이 나고 말았다. 옥상 위에서 보았던 것과는 달리, 호수로 가는 길은 가늠할 수가 없다. 이것이 바로 중국 대륙인가. 아무리 손에 닿을 듯이 보이는 곳이라 해도 만만히 길을 나서다간 큰 코 다친다. 사방이 트여있어 그 놀라운 시야에 적응이 안 된 도시인의 눈은 착시현상을 일으키는 것이다.

자전거로 자갈길을 달리는 건 고생스럽기 짝이 없다. 쿵쿵쿵 엉덩이를 찧으면서 시티맨의 입가에 웃음이 사라졌다. 멀리서 보면 평화롭게 펼쳐진 들판에서 우리만이 움직이는 점처럼 보일 것이다. 잔잔히 구름이 깔려있고, 땀을 닦으며 일하는 바이족 농민들이 손을 흔든다. 자전거는 드디어 벌판을 넘어 바이족의 마을로 진입했다.

"대체 호수가 어디여!"

그 때, 전혀 엉뚱한 골목 끝에 호수의 푸른빛이 탁 하고 터지듯이 나타났다. 해발 2000미터의 호수는 이런 거구나! 하늘과 가장 가까이 만나 구름이 안개처럼 일렁이는 호수! 아름다운 섬이 세 개나 있다는데 호수가 너무 넓어서 보이지도 않는다.

"대체 어부들은 다 어딨는겨?"

같은 풍경 앞에서도 우리는 전혀 다른 것을 찾고 있다. 시티맨은 어촌 마을 선착장에서 갓 잡아 올린 펄펄 뛰는 생선을 기대하고 있었다. 그러나 우리 눈에 보이는 건 시골집 뒷마당에 철렁거리고 있는 호숫물 뿐, 어부들의 선착장도, 호수를 한 바퀴 돌 수 있는 '호안도로'도 없었다. 시티맨의 야심은 무너지고 말았다.

따리 고성으로 돌아오면서 고성을 둘러싼 성벽을 탔다. 호수 일주는 실패했지만 대신 성벽 일주라는 카드가 있으니 다행이었다. 8미터 높이에 총길이 3.8킬로미터의 성벽 위에서는 고성안의 숲처럼 빽빽한 기와지붕, 쇼핑거리, 시장과 학교, 크고 작은 불교 사당뿐만 아니라 기독교 교회와 이슬람 사원까지 한눈에 내려다보인다. 그러나 우리만 딴 세상으로 떨어져 나온 듯 관광객의 소란이 멀기만 하다.

남문을 지나 서문으로 꺾어지는 길에 한눈에도 혼자 여행 온 것임에 분명한 여자가 담배를 피우며 멀리 호수가 걸려있는 풍경을 향해 앉아있었다. 모자를 깊이 눌러 쓴 어깨에는 아무렇게나 기른 머리카락이 엉켜 있고, 황갈색 재킷은 오래 입은 주름이 잡혀 있었다. 돌 위에 양반다리를 꼬고 앉아 살짝 굽은 등은 벌써 한 시간은 족히 저러고 있었으리라 짐작케 했다. 나는 그녀의 뒷모습에서 눈을 떼지 못했다. 아무데서나 홀로 몇 시간이고 앉아 있고, 마음껏 하늘을 보고 집들을 보고 바람을 느끼던, 아무도 나를 간섭하지 않던 혼자만의 시절이 설핏 그리워졌다.

"미노야! 저기 봐! 저기!"

이번에도 시티맨은 전혀 다른 풍경을 보고 있었다. 그가 가리키는 반대편에는 웨딩 드레스와 턱시도를 입고 단체로 웨딩사진 촬영을 나온 예비 신혼부부들이 온갖 닭살 돋는 폼들을 다 잡고 있는 것이다.

"푸하하!"

나는 보자마자 배꼽이 빠져라 웃어대기 시작했다. 바로 저기 홀로 여행 온 여자의 자신만만하고 자유로운 뒤태와, 웨딩드레스를 입고 남자에게 안긴 여자의 이 촌스러운 뒤태는 너무나 극명한 대조이다. 한국에서 시티맨과 결혼식을 치른다면 아마 나도 저런 촌스러운 뒤태로 앉아 있겠지! 아, 인생의 반전은 순식간이다. 그러나 나는 그 눈 뜨고 볼 수 없는 커플들의 웨딩 촬영을 오래도록 구경했다. 그리고 고백컨대, 코믹연극처럼 촌스러운 그녀들의 뒤태가 귀엽고 정겨웠다.

리장을
지나

호도협에

오르다

한 달 후 한국으로 돌아가면 여행이
아니라 현실에서 우리는 부부로
마주 서야 한다. 저 너머 호랑이의 계곡이 우리의
현실처럼 까마득해 보였다. 그는 '끄응,'
앓는 한숨을 쉬더니 가방을 메고 따라나섰다.

우리는 드디어 '호도협'을 코앞에 둔 해발 2400미터의 고산마을 '리장(麗江)'으로 갔다. 나는 고산지역 여행이 처음이었고 게다가 서울 남산도 올라본 적 없는 산행 초보이다. 리장에서 고산병에 적응하면서 체력을 보충하고, 1박 2일 산행에 필요한 것들을 빈틈 없이 준비하기로 했다.

"역시! 중국은 달라! 없는 게 없잖아?"

동남아 국가들 그 어디에서도 본 적이 없는 초대형마트를 발견하고 우리는 리장의 아름다운 고성을 봤을 때보다 더 감동해 버렸다. 리장은 고성 입구의 커다란 광장을 사이에 두고 중세와 현대가 서로의 경계를 순식간에 넘나든다. 고풍스러운 기와를 얹은 옛집들이 좁고 어지러운 골목과 작은 운하를 따라 빼곡한 고성 안은 완벽하게 영화 속이다. 황비홍이 살 것 같은 베트남의 호이안이 떠올랐다. 그러나 이건 황비홍 정도가 아니다. 홍루몽, 삼국지, 수호지, 서유기 등등의 주인공들이 몽땅 진짜 살아나올 것 같은 리얼 중국마을이다.

밤이 깊어지면 리장에는 갑자기 마법에 걸린 듯 웅성웅성 귀신들이 걸어 나올 준비를 한다. 골목마다 '둥당둥당' 음악이 흘러나오고 고성 안의 기와집들이 하나 둘 빨갛고 노란 등을 밝히자 마치 꿈을 꾸는 듯 리장 전체가 센과 치히로의 목욕탕으로 변신했다. 실제로 리장은 일본 애니메이션 '센과 치히로의 행방불명'의 배경이 된 곳으로 유명하다. 그러나 광장을 벗어난 바로 밖에는 휘황찬란한 네온사인의 현대식 쇼핑거리이다. 초대형마트뿐 아니라 다국적 브랜드의 옷가게들이 화려한 간판과 통유리 쇼윈도를 훤하게 밝히고 늘어서 있다. 우리는 식량과 등산장비, 1박 2일 동안 호도협의 절경을 원 없이 카메라에 담을 수 있을 만큼 충분히 건전지를 샀다. 그리고 마침내 우리의 마지막 숙제를 하러 떠났다.

버스는 점심 무렵 '차오터우(橋頭)'에 도착했다. 그곳의 '제인스 게스트하우스'가 호도협 여행자들의 베이스캠프이다. 게스트하우스에서 하룻밤 묵으며 트래킹 코스에 대한 정보를 충분히 얻은 후 다음날 아침 일찍 산행을 시작할 계획이있다. 그런데 게스트하우스는 텅 비어 있었고, 주인은 어제부터 전기가 들어오지 않는데 그래도 묵을 테냐고 했다. 히터도 전기장판도 없이 산골의 겨울밤을 견딜 수 있을까.

"시티맨, 지금 올라가자!"

"뭐라고? 호도협 정보 하나도 없는데?"

"어서 옷 갈아입고 가방 맡기고 가야 해 떨어지기 전에 산장에 도착 할거야."

나도 성격이 급하기론 누구 못지 않다. 급한 상황에서 무언가 결정하고 처리할 땐 무조건 속전속결이다. 그러나 시티맨은 '욱'하는 성격과는 달리 일처리엔 '장고'를 원칙으로 한다. 계획을 바꿀 땐 신중하게 충분히 생각해 본 후에야 가장 최선의 결론을 얻을 수 있다는 것이다. 그가 순식간에 내려버린 나의 결정을 순순히 따를 리 없다.

"다른 방법 있어? 있으면 어서 말해!"

나는 울컥 화가 났다. 무거운 숙제를 앞에 두고 우린 둘 다 긴장하고 있었다. 시작부터 의견충돌이 일자 더욱 불안했고 더욱 화가 났다. 우린 결국 또 원점인 걸까. 살면서 이런 충돌을 얼마나 계속해야 할까. 한 달 후 한국으로 돌아가면 여행이 아니라 현실에서 우리는 부부로 마주 서야 한다. 저 너머 호랑이의 계곡이 우리의 현실처럼 까마득해 보였다. 그는 '끄응.' 앓는 한숨을 쉬더니 가방을 메고 따라나섰다.

호랑이의 계곡

호도협 트래킹은 보통 1박 2일이 걸린다. 제인스 게스트하우스를 나와 3시간을 쉬지 않고 걸으면 첫 번째 산장인 '나지 패밀리 게스트하우스'가 나오고, 거기서 가장 험한 코스라는 '28밴드'를 넘어가야 두 번째 산장인 '차마 객잔'을 만날 수 있다. 아침 일찍 출발하는 여행자는 대부분 '차마 객잔'에서 첫날밤을 보낸다고 하는데, 우리는 이미 오후 1시가 넘어서 출발했고 걸음을 서둘러야 겨우 해지기 전에 '나지 패밀리'에 도착할 수 있을 것이었다. 산 아래 마을의 맹추위와는 달리, 산중턱은 조금만 걸어도 땀이 날 만큼 덥다. 해발고도가 높아서 햇볕이 강하게 내리쬐기 때문이다.

둘 다 말없이 삼십 분을 걸어 그곳을 지나는 여행자들이 반드시 쉬어가는 포인트, '선라이즈 스몰 티 하우스'에 도착했다. 주문도 안 하고 테이블에 턱 하니 걸터앉았다. 그런데 찻집 겸 구멍가게인 듯한 이곳의 주인도 아무 말 없이 차 두 잔을 공짜로 내어준다. "미안한데 담배나 사야겠다."라며 쭈뼛쭈뼛 구멍가게로 들어가는 시티맨의 뒷모습을 보다가 나는 웃어버렸다. 언젠가부터 시티맨이 겸손해졌다. 남의 친절을 당연하게 요구하지도 않고, 친절을 받으면 반드시 보답을 하려고 애쓴다. 낯선 땅에서 그냥 스쳐 가는 사람이라도, 사람과 사람 사이의 관계는 단 하나도 함부로 여길 수 없다.

"시티맨, 우리 초콜릿 먹자!"

내가 말을 걸자 시티맨은 금방 헤헤거린다. 다시 천천히 올라가는 길에 우리 말고는 아무도 없었다. 제인스 게스트하우스의 벽보에는 '갈림길에서 머뭇거릴 땐 몸과 발을 이쪽저쪽으로 틀면 말꾼들이 손가락으로 알려준다.'라고 쓰여 있었는데, 그 말꾼들은 다 어디로 간 걸까. 다행히 갈림길이 나타날 때마다 빨간색이나 파란색, 노란색 등등의 화살표들이 바위에 그려져 있었다. 나중에 그 다양한 화살표들의 비밀을 알게 되었는데, 빨간색을 따라가면 '나지 패밀리', 파란색을 따라가면 '차마 객잔', 노란색을 따라가면 또 다른 산장이 나오는 식이다. 손님들이 혹 길을 헤매다 자신들의 산장을 놓쳐 버릴까봐 산장 주인들이 길을 표시해 둔 것이다.

"내가 먼저 저기까지 갈 테니까 사람이 점처럼 보이는 이 넓이감을 살려서 찍어봐."

시티맨이 카메라 앵글까지 잡아주며 신나게 걷는다. 그의 말대로 아무도 없는 산길 저 끝에 사람 한 명이 점처럼 지나간다. 그와 함께 오지 않았더라면 나 혼자 이 엄청난 트래킹을 감행할 수 있었을까. 체력은 약하지만 걷는 것만큼은 자신 있다는 나의 말을 결코 믿을 수 없다며 짐은 모조리 다 자기 어깨에 지고 걷는, 미래의 내 남편이 저기 점처럼 지나간다. 나는 카메라 뷰파인더에 구불구불 산길 한가운데 조그만 점이 된 시티맨을 담았다. 다행히도 해가 지기 직전에 우리는 나지 패밀리 게스트하우스가 있는 작은 마을에 도착했다.

남자, 호도협에 무릎 꿇다

노란 옥수수들을 주렁주렁 걸어 말리는 나시족의 예쁜 시골집은 아름다운 설산을 병풍처럼 두른 산 중턱에 있었다. 20위안(약 3,300원)짜리 도미토리 방은 마치 밤기차의 침대칸처럼 커다란 창가에 달랑 싱글침대 두 개만 놓인 조그만 방이었다. 긴 복도에 네 개의 방이 일렬로 줄지어 있고, 방과 방은 얇은 칸막이로 나눠져 있을 뿐 삐걱거리는 방문에는 잠금장치도 없었다.

"딱 마음에 들어!"

그런데 시티맨이 이 방이 그토록 맘에 든다고 한다. 힘든 여정을 단단히 결심하고 온 터에 숙소가 편하면 사기가 떨어진다. 그러나 그가 그런 뜻에서 맘에 든다고 한 게 아니었다. 그는 뭔가 남다른 이곳의 모든 것에 대해 놀랍게도 짜릿한 낭만을 느끼고 있었다.

"미노야, 창문에 설산이 훤하게 보여."

조그만 창문은 정말로 기차처럼 풍경을 담고 있었다. 침대 바로 위에 걸려 있는 거대한 설산의 눈부신 푸른빛이 좁은 방안에 가득 찼다. 눈을 감고 누우니 덜컹덜컹 도미토리 방이 기차처럼 달리기 시작했다.

이른 새벽에 우리는 깨어났다. 아직 산골마을이 깊게 잠든 컴컴한 새벽인데도 설산이 쏘아대는 푸른빛만은 여전히 반짝거린다.

"미노야, 처소(화장실) 가 봤어? 진짜 끝내줘."

산골마을인 만큼 이곳의 처소는 '내추럴 오픈 형'이다. 그런데 그냥 '오픈' 정도가 아니다. 들어가는 쪽은 문이 달려있지만 반대편은 산과 하늘을 향해 아무것도 없이 뻥 뚫려있다. 겨울바람이 거침없이 불어대는 처소에 쪼그리고 앉으면 눈부신 설산과 깨알같이 쏟아지는 별이 한꺼번에 나에게 달려든다. 이토록 낭만적인 화장실이 어디 있을까.

우리는 적막강산의 확 트인 설산을 마주보고 새벽공기를 마셨다.

"오래 살고 볼 일이야. 이런 것도 보고."

해발 5,396미터의 합파설산과 5,596미터의 옥룡설산 사이
좁고 가파른 낭떠러지 아래 시퍼런 물길이 굽이친다.

난간도 없이 낭떠러지에 걸려 있는 아찔한 산길은 폭이 겨우 30센티미터.

아래는 우리가 묵은 나시 패밀리 게스트하우스.

방금 시티맨이 뭐라고 한 걸까? 나는 귀를 의심했다.

"내가 이런 경치를 보게 될 줄이야."

시티맨이, 무언가를 보고, 그것도 빌딩도 도로도 없는 첩첩산중 산천초목의 경치를 보고 '감동'이란 걸 했다.

"진짜! 내가 인정했다! 중국은 죽기 전에 한 번 여행할 만 해."

가슴이 울컥해졌다. 5개월만이다. 이 남자의 이런 말을 들어보는 건. 시티맨도 자신이 '여행을 할 만하다'고 말하게 될 줄은 몰랐을 것이다. 우리의 숙제가 여행의 답 하나를 조심스레 꺼내놓았다.

"미노야, 아까 화내서 미안해. 나는 널 책임져야 하는데, 이렇게 위험한 곳을 준비도 없이 가자고 하니 그랬던 거야."

갑자기 시티맨이 낮의 일을 사과했다.

"아냐, 그렇게 서두르지 않아도 다 방법이 있었을 걸, 내가 미안해."

아침이 밝으면 우리는 더 험한 코스를 오를 것이다. 닭이 울고, 숙소의 주인 아주머니가 깨어났다.

시간의 충돌

새벽 일찍 우리는 더욱 까마득한 옛날 옛적, 호랑이가 담배 피우던 시절에 그 호랑이가 타넘었던 원시의 절경을 찾아 출발했다. 고산 지역의 새벽바람은 칼날처럼 매서웠다. 조금만 걸어도 눈물과 콧물이 줄줄 흘렀고, 차가운 공기가 목구멍에 걸려 날을 세웠다. 코로 숨 쉬면 콧구멍이 아프고, 목으로 숨 쉬면 목구멍이 아프다.

"안 돼! 힘들어도 코로 숨 쉬어야 해!"

뒤에서 숨소리만 듣고도 시티맨은 내가 코로 숨을 쉬는지 입으로 숨을 쉬는지 금방 알아챘다. 울퉁불퉁한 바위틈으로 한발씩 조심스럽게 내딛어야 하는 좁은 산길. 바로 옆은 난간도 없는 해발 3600미터 낭떠러지다. 거친 산바람이 내 몸을 마구 흔들어대는 통에 몇 번이나 휘청거렸다. 긴장과 건조한 바람에 입은 바싹 말랐고, 코에선

하도 풀어내어 피 섞인 콧물까지 마구 흘렀고, 땀을 흘리다 추위에 떨다를 반복하느라 한기가 왔다. 내가 떨어지기라도 할까봐 내 뒤를 바싹 따라붙는 시티맨의 목에선 여러 번 '끄응' 소리가 새어나왔다. 멈칫할 때마다 내 등을 단단히 감싸 안는 시티맨의 손에는 땀이 났다. 그러나 한 번씩 쉬어갈 때마다 호도협의 절경은 숨이 막혔다.

바람과 구름, 산과 벌판, 하늘과 강이 마치 강호의 고수들이 부리는 듯 살아서 움직인다. 호도협에는 중국무협영화에 나오는 옛날 시간이 그대로 살아남아, 빠르게 변화하는 중국의 시간을 붙잡고 있다. 그런데 그곳에서 가장 힘들고 가장 빼어난 경치를 자랑하는 '28밴드'에서, 우리는 급속히 초현대로 질주하는 이 나라의 이상한 생산물을 발견했다. 그건 '도시바'라는 상표가 선명하게 찍혀있는 AA건전지였다.

현대 중국의 상징과도 같이 느껴졌던, 리장의 초대형 슈퍼마켓에서 신나게 샀던 것들 중에 하나이다. 겉모양 번듯한 그 건전지들은 신기하게도 모두 속이 텅텅 비어있었다. 중고를 감쪽같이 새것으로 포장한 말로만 듣던 '짝퉁' 건전지였다. 이 험하고 높은 고지의 천하제일의 절경을 담고, 무엇보다 우리의 마지막 숙제를 완수하고 호도협에 올라 더욱 '찐-'한 연인이 되었다는 '인증샷'을 담으려 했던 꿈은 어이없이 무너졌다.

"괜찮아, 어차피 사진 찍을 힘도 없는 걸."

나는 못내 아쉬워하는 시티맨을 위로했다. 우리의 시간은 어딘가에서 충돌한다. 현대인을 자부하던 우리는 건전지를 파는 가게는커녕 전기도 들어오지 않는 오지마을들을 원시인처럼 더듬어가며 뜨거운 태양, 혹한과 번갈아 싸우면서 오로지 눈으로만 호도협의 절경을 찍었다. 원시의 절경에 가장 잘 어울리는 원시의 방법으로 말이다.

오후 4시쯤 종착점인 '타라 하우스'에 도착했다. 그곳에서 다른 여행자들을 만나 차오터우로 돌아가는 봉고차를 함께 빌렸다. 모두들 자신들의 모험담을 신나게 떠들었다. 덩치 큰 서양남자들까지 고산병에 시달린 고초를 토로했다.

"흥! 아임 노 프라블럼! 호도협 베리 베리 나이스!"

시티맨은 자신만만하게 외쳤다. 우리는 1박 2일 동안 넘어온 길을 단 1시간 만에 되돌아 차오터우의 제인스 게스트하우스에 도착했다.

리장 고성 안을 휘감아 흐르는 개울물.

리장 고성 안에는 가정집도 많다.
집 앞에서 빨래하는 여인.

센과 치히로의 목욕탕처럼 빨간등을 주렁주렁 걸어놓은 집들.

샹그릴라의
나시족

여

인

우리가 샹그릴라로 떠나는 날, 그토록
궁금했던 태준 씨의 아내가
우리를 기다리고 있었다. 그녀는 한눈에 미인이었다.
샹그릴라의 강한 햇볕과 거친 바람만
아니었다면 피부도 지금보다 훨씬 고왔으리라.
보자마자 그녀는 나를 친구처럼 껴안았다.

mino story

Here is Shangri-La

전혀 다른 상관없는 두 이름, 파리의 샹젤리제와 중국의 샹그릴라가 내 맘속에 겹쳐진다. '샹그릴라'란 이름을 되뇔 때마다 '오 샹젤리제'라는 노래가 떠오르는 것이다. '샹그릴라'는 1933년 발표된 제임스 힐턴의 소설 〈잃어버린 지평선〉에 등장하는, 영원히 늙지 않는 인간들이 산다는 상상의 낙원이다. 그러나 사람들은 이 낙원을 지상의 어딘가에 실제로 존재한다고 믿었고, (이걸 '샹그릴라 신드롬'이라고 말하기도 한다.) 언제부턴가 중국 윈난성 북부의 '중뎬(中甸)'이란 도시가 샹그릴라에 가장 가까운 모습을 갖고 있다는 소문이 돌기 시작했다. 2001년 중국 정부는 공식적으로 '중뎬이 바로 샹그릴라'라고 천명했고, 그 때부터 그곳은 '공식적인 샹그릴라'가 되었다. 그러나 우리가 꿈꾸는 샹그릴라가 정말로 어디에 있는지는 아무도 모른다.

그러나 시티맨과 나에게 진짜 샹그릴라를 발견하게 해준 이가 있었다. 그곳에 살고 있는 박태준 씨, 그도 시티맨처럼 평생 자신의 나와바리만 고집하던 백퍼센트 한국 남자였다. 1년 전 그는 생애 처음으로 세계일주여행에 도전했고, 그 첫 번째 여행지였던 그곳에서 돌연 멈추어 섰다. 그는 샹그릴라를 본 것이다.

여행자가 여행자에게 배우다

"미노야! 여기 한국인이 살아!"

시티맨이 헐레벌떡 숙소로 뛰어 들어왔다. 나는 엉겁결에 그를 따라 시팡광장(四方街, 샹그릴라 고성의 중심부) 귀퉁이에 있는 여행사로 끌려갔다.

"안녕하세요?"

분명 중국어 간판이 달린 여행사였는데 한국 남자가 앉아있다. 남자는 심심하던 차에 잘 됐다며 우리를 반긴다.

"한국에서는 저도 잘 나갔죠, 돈도 많이 벌고. 근데 우연히 전혀 다른 세계를 봤어요."

그 다른 세계란 머리를 굴리지 않고, 남을 밟지도 않고, 착하게 살아도 행복할 수 있는 세계였다. 그 낯설고 새로운 세계에서 그는 '그녀'를 발견했다. 이 지방의 나시족 여인이었다.

"한국에서 저, 여자 많이 만났거든요. 그런데 이 여자는 내가 한 번도 본 적이 없는 미소로 웃는 거예요. 첫눈에 반해버렸죠."

그가 프러포즈를 했을 때 그녀의 첫 대답은 "난 '컨츄리 걸'이에요. 돈이 정말 없는데 괜찮아요?"라는 것이었다고 한다. 그녀는 샹그릴라에서도 더욱 깊숙이 들어가야 하는 그야말로 산골짜기 부족 마을 출신이다. 중학교에 가기 위해 아홉 살 때 홀로 다섯 살 짜리 동생을 데리고 읍내로 나와서 동생까지 먹여 살리며 학교를 다녔는데, 200위안(약 3만3천 원)이 없어서 결국 고등학교에는 진학하지 못했다고 한다. 두 사람은 결혼하여 리장에 처음 살림을 차렸고, 그녀의 부모님은 30년 만에 처음으로 부족 마을을 벗어나 '생닭 두 마리와 계란 한 박스'를 들고 리장으로 오면서 버스에선 멀미에 시달리고, 푹신한 침대에선 허리통증을 호소했다. 오랜만에 도시 나들이도 시켜드리면서 잘 해 드리려고 했는데, 결국 고생만 진탕 시켜드린 셈이 되어 아내에게 얼마나 미안했는지 모른다며, 태준 씨의 얼굴이 붉어졌다.

"한국에서는 돈이면 다 되잖아요. 근데 돈으로 행복하게 해줄 수 없는 사람들이 있더라고요."

그는 이제 돈을 버는 이유가 달라졌다고 했다. 한국에서는 단지 남보다 성공하고 남보다 잘살기 위해서 돈을 벌었지만 여기선 다르다는 것이다.

"그냥 우리 가족이 행복할 수 있을 만큼만 돈을 벌 거예요. 더 필요도 없어요. 혹시 더 생기면, 아내가 다녔던 중학교에 기부를 할 거예요. 그녀처럼 가난해서 하고 싶은 공부를 못하는 아이들이 없게……."

그의 말대로, 태준 씨는 나이 서른 다섯에 멀고먼 중국 땅의 오지마을까지 와서야 인생을 배웠고, 그 인생을 다시 살고 있었다.

"나도, 이번 여행에서 삶의 목표가 확 바뀌었잖아!"

시티맨이 나한테는 한 번도 해준 적이 없는 새로운 이야기를 대뜸 그에게 한다.

"사실 목표가 없었어. 그냥 돈이 없으면 벌고, 많이 벌면 놀고, 그렇게 살았는데 말

통유리 안에 들어있는 유스호스텔에서 자본 적이 있는가.
샹그릴라의 작고 예쁜 골목길이 통째 우리의 방을 떠받치고 있는
것 같다. 샹그릴라에는 통유리로 난방을 하는 집이 많다.

지구의 그 어느 곳보다 태양에 가까이 닿아있는 이 곳은 차가운
날씨에도 불구하고 피부가 탈 만큼 햇볕이 뜨겁다.

야. 이젠 돈 열심히 벌 거야. 왜냐면 내 토깽이랑 평생 행복하게 살고 싶은 목표가 생
겼거든."

나시족 여인은 남자를 지배한다

그 날 밤 우리는 태준 씨와 함께 맥주를 마시러 갔다. 아직도 백퍼센트 한국남자
시티맨이 "술 한 잔 해야지!"라고 했고, 태준 씨는 샹그릴라처럼 고도가 높은 곳에서
술을 잘못 마시면 큰일난다며 시티맨을 달래 가볍게 맥주나 한 잔 하자고 한 것이다.

"그리고 나 술 마시다 걸리면 와이프한테 죽어요!"

"에이, 남자가 술도 마시고 그러는 거지."

으이그, 시티맨의 저 촌스러운 '남자론(論)'은 언제 뜯어고치나.

"이 형님 모르시네, 제 와이프는 '나시족' 이라구요."

만약에 시티맨이 나시족 여인을 만나면 어떻게 될까. 나시족은 지구상에서 몇 안
되는 '일처다부제'의 부족이다. 여자가 남자를 거느리며, 남자는 여자에게 순종하는
강력한 모계사회를 이루어 왔다. 집안에서 가장 큰 어른은 할아버지가 아니라 할머니
이며, '할머니의 방'은 신성한 곳으로 여겨져 선조의 제단을 모시고, 집안의 아이들은
모두 성인이 될 때까지 할머니의 방에서 길러진다. 리장과 샹그릴라의 거리에서 본, 바
로 그 파란 빵모자를 쓰고 하얀 앞치마를 두른 귀여운 나시족 할머니들이, 모두 집안
에서 가장 큰 힘을 행사하는 '큰 어른'들인 거다. 모계사회의 경제권은 여자에게 있다.

태준 씨의 처갓집에도 장인은 집안에 있고, 장모가 일을 하여 가족을 먹여 살린다
고 한다. 이 나시족이 역사적으로는 중국 내 소수민족 중에 가장 강력한 중국 한족의
대항세력이었다니 놀랍지 않은가. 나시족은 원래 티베트에서 온 유목민으로, 자연을
숭배하고 티베트 불교를 믿는다. 샹그릴라 고성의 한가운데 가장 높은 언덕에 나시족
의 티베트 불교 사원이 있다.

"형님! 저도 한국에선 남잡니다! 근데 나시족 여자 말로만 들었지 이렇게 기가 셀
줄이야 상상도 못했어요!"

처음에는 말이 안 통해서 자주 다퉜는데, 그가 돌아서서 간다고 해도 그녀는 절대 붙잡는 법이 없었다고 한다. 그러나 돌아서다 흘낏 보면 언제나 그녀의 얼굴만은 상심이 가득하여 도저히 발걸음을 뗄 수 없게 한다는 것이다. 다른 남자도 아니고 지구상 가장 특별한 남자족(族)에 속하는 한국남자(이건 여자인 내 생각이 아니라 앞에 있는 두 남자 스스로 그렇게 말했다.)가 그 유명한 나시족을 만났으니 보지 않아도 상상이 된다. 싸우기도 참 많이 싸웠고, 뺨도 여러 번 맞았다고 한다.

"그래도 밖에 나가면 무조건 내 편을 들어주거든요. 애교도 짱이에요."

태준 씨는 수줍게 웃으면서 그렇게 말했다.

"그리고 제게는 장족 친구들이 있어요."

그의 말에 따르면 이 지역에는 두 개의 부족이 공존한다. 일처다부제의 나시족과 일부다처제의 장족(藏族). 태준 씨의 친구들은 다행히도 한국남자 만큼이나 '남자'를 외쳐대는 장족들이었다. 이 여행사의 사장도 장족 출신인데, 태준 씨를 친동생처럼 아껴준다고 한다.

"첨부터 그랬던 건 아녜요. 장족에게 싸워서 이기려 들면 절대 안 된다는 걸 알았어요. 내가 2인자로 굽히고 들어가는 순간 친구로 받아주고, 기꺼이 이 여행사에 자리도 주더라고요. 그리고 한 번 친구가 되면 죽을 때까지 친구가 되는 겁니다."

태준 씨는 그들의 친구가 되기 위해 노력했고, 반년 만에 중국어 간판이 걸린 여행사 귀퉁이에 조그만 한국어 간판 하나를 세우는 데 성공했다. 어서 자리를 잡아 북경이나 상하이 같은 대도시를 구경하고 싶어 하는 아내의 소원을 들어주고 싶다고도 했다.

밤늦게 우리의 술자리에 태준 씨의 나시족 여인이 왔다. 그러나 나는 그녀를 보지 못하고 혼자 호스텔로 돌아왔다. 맥주 한 병에 고산병이 왔는지 정신이 아득하고 숨이 차서 앉아있을 수가 없었기 때문이다. 나중에 돌아온 시티맨은 조금 골이 나 있었다.

"왜 먼저 갔어? 태준이만 실컷 자기 와이프 자랑하고! 얼마나 외롭던지! 나시족보다 더 대단한 내 마누라가 여기 있는데 말이야. '내 와이프는 혼자 아프리카에도 갔다

나시족은 원래 티베트에서 온 유목민으로
자연을 숭배하고 티베트불교를 믿는다.

샹그릴라 고성 한가운데

가장 높은 언덕에 나시족의 티베트불교 사원이 있다.

오른쪽은 태준 씨와 그의 나시족 여인

왔어!'라고 말해줬지, 하하하.”

　여행의 결말, 해피엔딩의 답은 뜻밖의 장소에 있었다. 아프리카는 왜 갔다 왔느냐며, 여자의 독립심과 자유에 대해 그토록 반기를 들던 남성우월주의자가 '여자'를 받아들이고 있다. 물론 나는 알고 있다. 그것은 지금도 여전히 진행형이라는 걸. 하지만 나에게도 남성우월주의자를 긍정하는 건 진행형이다. 나는 그의 새로운 삶의 목표에 대해 생각하고 있었다. 삶이 목표란 것은, 최고의 무엇이 되겠다거나, 죽기 전에 최고의 작품을 남기겠다거나 뭐 그런 거창한 것들이 아닌가. 그러나 나와 함께 평생 행복하게 사는 걸 인생의 목표로 삼은 남자도 있다. 그 말을 들었을 때, 인생은 단호박의 노란 속살 같은 냄새를 풍겼다. 우리 삶에 펄떡거리는 요란한 희망과 욕심들을 걷어내고도 일상은 설렐 수 있다. 그는 때때로 내가 들어본 말 중에 가장 촌스럽고도 따뜻한 말을 하는 남자이다. 여행의 말미에서, 다시 돌아갈 일상에 대해 달콤한 냄새를 맡아본 건 처음이었다.

　우리가 샹그릴라로 떠나는 날, 그토록 궁금했던 태준 씨의 아내가 우리를 기다리고 있었다. 그녀 역시 이 무뚝뚝하고 고집 센 한국남자들이랑 사는 한국여자들이 궁금했던 것이다. 그녀는 한눈에 미인이었다. 샹그릴라의 강한 햇볕과 거친 바람만 아니었다면 피부도 지금보다 훨씬 고왔으리라. 보자마자 그녀는 나를 친구처럼 껴안았고, 버스터미널로 가는 택시까지 잡아주었다. 태준 씨가 말했다.

　“진짜 샹그릴라가 어디에 있냐고요? 여기선 어디나 가장 높이 올라가서 보면 다 샹그릴라예요.”

　오, 샹그릴라. 시티맨도 나도 그 샹그릴라를 보았다. 태준 씨 부부가 지상의 낙원 샹그릴라에서 지금처럼 늘 행복하게 살기를.

크리스마스 이브는

기차
안에서

덜컹덜컹 기차가 달린다.
2010년 크리스마스 이브에 우리는 베이징으로 가는
기차 안에 있었다.
"내 평생 가장 낭만적인 크리스마스야."

덜컹덜컹 기차가 달린다. 2010년 크리스마스 이브에 우리는 베이징으로 가는 기차 안에 있었다.

"내 평생 가장 낭만적인 크리스마스야."

시티맨의 입에서 '낭만'이 쏟아졌다. 우리는 그 좁은 공간에서 아무 할 일 없이 2박 3일을 보내면서 단 한 번도 다투지 않는 기록을 세웠다.

베이징에서 시티맨은 독감에 걸렸다. 첫날부터 만리장성 행군을 감행했던 게 문제였다. 그동안의 여독이 한꺼번에 폭발한 탓인지 시티맨은 문밖에도 못 나가고 몸져누웠다. 만난 지 일주일 만에 라오스까지 나를 쫓아왔을 때, 그가 꼭 이만큼 끙끙 앓았던 것 같다. 그리고 지난 5개월간 단 한 번도 지친 기색 없이 여기까지 달려왔다. 역시, 시티맨이다. 그는 모든 숙제를 마친 후에야, 마침내 쓰러졌다.

우리는 천안문 광장 한 번 제대로 못 보고 호스텔의 마당에서 실낱같은 햇살만 염원하다가 인천 행 배에 올랐다.

TRAVEL TIP

MINO & CITYMAN

TOURIST BUS TICKET
Itinerary: From ___ to ___ Date ___
Name: ___ Seat number ___
Nationality ___ Passport number ___
Price ___ pax ___ Amount ___ paid
Pick-up ___ at ___
Cashier ___ Seller ___

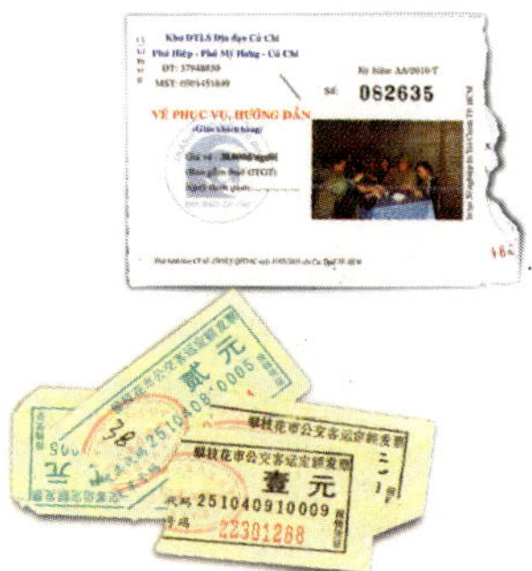

Khu DTLS Địa đạo Củ Chi
Phú Hiệp - Phú Mỹ Hưng - Củ Chi
ĐT: 37948830
MST: 0301451649
Ký hiệu AA/2010-T
Số 082635
VÉ PHỤC VỤ, HƯỚNG DẪN
貳元
壹元
25104091 0009
22301268

미노와 시티맨의 여행길

2010/ 8/ 7	**미노 인천 ≫방콕**

2010/ 8/18

미노 태국(방콕) ≫ 라오스(비엔티안)

방콕 → 농카이 밤 8시 방콕의 활람퐁 역에서 출발한 기차는 다음날 아침 8시 25분 태국 북부의 국경도시 농카이에 도착한다. 2등석 침대칸 아래층 758바트. 농카이 시내의 버스터미널까지 툭툭(30바트)을 타면 10분 정도 걸린다.

농카이 → 비엔티안 농카이 버스터미널에서 한두 시간 간격으로 라오스의 비엔티안까지 가는 버스가 출발한다. 국경에서 출입국수속을 받는 시간을 포함해서 약 두 시간 소요. 버스비 55바트. 비엔티안의 탈랏사오 터미널에서 숙소가 많은 메콩강변이나 남푸광장까지는 툭툭비 15,000킵.

2010/ 8/19

시티맨 방콕 ≫ 인천

2010/ 8/21

미노 비엔티안 ≫ 루앙프라방

아침 8시 비엔티안 북부버스터미널 출발. VIP버스 180,000킵(숙소 픽업 포함), 저녁 7시 루앙프라방 남부터미널에 도착. 루앙프라방의 구시가까지 툭툭 15,000킵. 툭툭은 손님이 다 찰 때까지 기다려 출발한다.

2010/ 8/26

시티맨 인천 ≫ 방콕 ≫ 루앙프라방

2010/ 9/24

루앙프라방 ≫ 방비엥

오전 8시 출발. 여행사에서 버스표를 예약하면 숙소 앞으로 픽업을 나온다. 버스비 130,000킵(약 2만 원). 7~8시간 소요.

2010/ 9/29

라오스 (방비엥) ≫ 태국 (방콕)

방비엥의 여행사에서 태국의 방콕까지 가는 여정을 한꺼번에 묶어서 패키지 티켓을 판매한다. '방비엥에서 비엔티안으로 가는 버스표 + 비엔티안에서 30분 거리의 타나랭 기차역으로 픽업 서비스 + 타나랭에서 국경 너머 농카이로 가는 기차표 + 농카이에서 방콕으로 가는 침대열차표'가 총 630,000킵. 물론 직접 기차역에 가서 표를 끊는 게 더 저렴하지만, 우리는 하루 안에 반드시 국경을 넘어야 했으므로 효율적인 이 방법을 택했다. 기차 대신 버스를 이용하면 좀더 저렴하다. 그러나 비엔티안으로 가는 버스에서 짐을 싣고 내리는 운전기사에게 배낭을 털린 여행자가 있었다. 배낭을 단단히 묶어서 레인커버를 씌우기를 권한다.

방비엥 → 비엔티엔 아침 10시 방비엥 여행사 버스 출발, 오후 2시 비엔티안 시내에 도착. 한 시간 후 픽업 봉고차가 와서 30분 거리의 타나랭 기차역까지 픽업해준다. 방비엥에서 비엔티안까지 버스비는 50,000킵.

타나랭 → 농카이 오후 5시 출발. 기차표 20바트. 라오스에는 기차가 없다. '타나랭 (Thanaleng) 역'은 태국과 라오스를 오가는 짧은 기찻길을 깔기 위해 태국정부가 라오스에 세운 기차역이다. 조그만 10량짜리 기차는 라오스와 태국 사이에 가로놓인 '우정의 다리'를 건너 단 15분 만에 태국의 국경 도시 '농카이(Nong Khai)'에 도착한다. 그러니까 길이 1킬로 미터짜리 다리 하나가 국경인 셈. 기차 출발 전에 라오스의 타나랭 역에서 출국세 1달러를 내고 간단한 출국수속을 마치면, 다리 건너 태국의 농카이 역에서 역시 간단한 입국수속을 하면 된다. 농카이에서 방콕까지는 야간침대열차를 타고 12시간을 달려야 한다.

농카이 → 방콕 오후 6시 20분에 출발하면 방콕에는 다음날 아침 6시 25분에 도착한다. 2등칸 침대 아래층 758바트 위층 688바트.

2010/11/ 3

태국 (방콕) ≫ 캄보디아 (시엠리엡)

방콕 → 아란야 프라텟 카오산에서 출발하는 여행사 버스가 아침 7시 숙소로 픽업. 낮 12시쯤 국경도시 아란야 프라텟 도착. 버스비 300바트

아란야 프라텟 → 포이펫 아란야 프라텟의 국경 출국수속은 사람이 많아 번잡하고 시간이 걸린다. 태국 국경을 나와 백 미터 길이의 다리를 건너면 바로 캄보디아의 국경도시 포이펫이다. 캄보디아 비자 발급비 20달러.

포이펫 → 시엠리엡 포이펫 국경 앞에서 시엠리엡으로 가는 택시를 탈 수 있다. 한 대당 35달러 선에서 흥정할 수 있으므로 세 사람 이상 타면 버스비보다 저렴하다.

2010/ 11/ 9

시엠리엡 ≫ 프놈펜

지붕 위에 누워 가는 선박을 타고 장장 6시간 동안 톤레삽 호수를 건넜다. 시엠리엡 시내 여행사마다 부르는 배삯이 조금씩 다르다. 여러 군데를 알아보고 우리가 알아낸 최저가는 1인당 33달러. 아침 6시쯤 숙소 앞으로 픽업 봉고차가 오고, 배는 톤레삽 선착장에서 7시 15분에 출발한다. 프놈펜에 도착한 시간은 오후 1시.

Europe-Asia Tours & Travel 프놈펜 행 배표를 구한 시엠리엡 구시장 인근의 여행사. 시엠리엡의 유명한 뷔페 레스토랑들의 할인티켓도 판매한다.
add_ Old Market Road, West of Old Market, S/K Svaydangkom
tel_ +855(0)12309899, +855(0)13406098
Web_ www.europe-asiatours.com
Email_ Phengchhayvan@yahoo.com

2010/11/12

프놈펜 ≫ 시하눅빌

캄보디아의 민영 여행사 캐피탈투어는 국영버스회사만큼 넓고 촘촘한 버스망을 운영하며, 버스비도 비슷하다. 여행자들뿐만 아니라 현지인들도 많이 이용한다. 시하눅빌까지 캐피탈투어 버스 13,000리엘. 아침 7시 15분 캐피탈투어 앞에서 출발. 미리 예약하면 숙소 앞으로 픽업 봉고차가 온다. 시하눅빌에는 오전 11시 20분에 도착한다.

시하눅빌 ≫ 호치민

시하눅빌 → 프놈펜 세렌비티 해변에서 시내의 캐피탈투어까지 툭툭비 2달러. 프놈펜까지 버스는 13,000리엘. 아침 7시 15분 출발하는 버스를 타야 프놈펜에서 늦지 않게 호치민 행 버스로 갈아탈 수 있다. 낮 12시 쯤 프놈펜에 도착.

프놈펜 → 호치민 캐피탈투어 버스 9달러. 오후 1시 30분 프놈펜의 캐피탈투어 앞에서 출발. 약 6시간 소요. 호치민의 여행자거리 팜응우라오의 신카페 여행사 앞에 세워준다.

호치민 ≫ 호이안

베트남의 여행사들은 모두 '오픈 투어 버스표'란 것을 판다. 예를 들어 호치민에서 하노이까지 오픈티켓을 끊으면 중간에 정차하는 도시마다 마음대로 내리고 탈 수 있다. 시원한 에어컨 바람에 깨끗한 좌석이 구비되어 있고 가격도 저렴한 편이며 일반 버스 회사에서 운행하는 시외버스보다 빠르고 편리하다. 외국인 여행자들뿐만 아니라 현지인들도 많이 탄다.

호치민 데탐거리의 신카페 여행사에서 아침 7시 출발. 무이네를 거쳐 저녁 7시쯤 나트랑에 도착한다. 나트랑에서 다시 침대버스로 갈아타면 다음날 아침 7시 호이안에 도착. 무려 24시간이 꼬박 걸린다. 호치민에서 훼까지 오픈 티켓 390,000동.

호이안 ≫ 훼

신카페 여행사에서 아침 7시 30분 출발. 아침 10시쯤 조용하고 예쁜 갯벌마을 랑꼬에 도착해서 30분간 쉬어간다. 경치 좋은 하이난 언덕을 지나 낮 12시 30분에 훼에 도착한다.

훼 ≫ 라오스 국경 ≫ 하노이

훼 → 동하 베트남의 신카페 여행사에서 라오바오 행 표를 끊으면 신카페와 연계된 라오스의 세폰트래블 버스를 탈 수 있다. 아침 6시 30분 신카페 앞에서 출발.

동하 → 라오바오 아침 8시쯤 동하의 세폰트래블 여행사 앞에 도착하면 라오스의 사반나켓 행 버스로 갈아탄다. 버스에 오르기 전에 줄을 서서 버스표를 교환하고 여권을 체크받는다. 사반나켓으로 가는 여행자들은 여권을 맡기고, 라오바오까지만 가는 여행자들은 버스표만 받는다.

국경 출입국 수속 베트남 라오바오의 국경에서 출국수속을 하면 라오스 단사반의 국경까지는 걸어서 2분 남짓. 공휴일에는 베트남을 출국할 때 수수료 1달러를 내야 한다. 단사반에서 입국수속을 밟자마자 반대편 창구에서 다시 출국수속을 받고 라오바오로 돌아오기까지 5분도 채 걸리지 않는다.

베트남 (하노이) ≫ 중국 (쿤밍)

하노이 → 라오까이 저녁 6시 반 하노이를 출발하면 다음날 새벽 6시쯤 국경도시 라오까이에 도착한다. 2등석 4인실 침대칸 380,000동. 국경까지는 10분 거리. 오토바이 택시 '세옴'을 타고 이동한다. 세옴 10,000동

라오까이 → 허커우 베트남 국경도시 라오까이와 중국 국경도시 허커우는 좁은 강줄기를 사이에 두고 마주하고 있다. 라오까이의 국경출입국 사무소는 아침 7시에 문을 연다. 간단한 출국수속을 마치고 다리를 건너면 바로 허커우의 중국 국경출입국이다. 허커우 시외버스터미널은 국경을 나와 왼쪽으로 5분 거리에 있다. 은행에서 환전업무를 보지 않으므로 중국 위안화로 환전하려면 큰 거리까지 나가서 현금인출기를 이용해야 한다. **허커우 → 쿤밍** 허커우의 버스터미널에서 한 두 시간 간격으로 쿤밍 행 버스가 출발한다. 8~10시간 소요. 버스비 139위안+보험 4위안. 쿤밍의 동부터미널에 도착하면 길 건너편에 시내버스 정류장이 있다. 쿤밍 시내까지는 30분 쯤 걸린다.

쿤밍 ≫ 따리

밤 11시에 출발한 기차는 다음날 아침 6시에 따리에 도착한다. 2등석 딱딱한 침대 2층 87위안 / 3층 83위안. 기차역과 버스터미널은 '샤관'이라고 하는 도시에 있다. 따리고성까지는 다시 시내버스를 타고 들어가야 한다. 기차역 앞 광장 오른쪽에 시내버스 정류장이 있다.

따리 ≫ 리장

따리 고성 주변에서는 리장으로 가는 미니버스를 쉽게 찾을 수 있고, 지나가는 미니버스를 세워서 탈 수 있다. 숙소에서 미니버스를 예약하면 픽업서비스를 해준다. 미니버스는 대부분 리장의 고성 바로 앞에 세워주기 때문에 편리하다. 버스비 50위안. 2~3시간 소요. 버스터미널에서 출발하는 시외버스는 좀더 비싸지만 안락하다.

리장 ≫ 호도협 ≫ 샹그릴라

리장 → 차오터우 아침 8시 30분에 숙소로 픽업봉고차가 왔지만 미니버스 정류장에서 손님이 찰 때까지 기다려 아침 10시쯤에야 리장을 출발했다. 차오터우까지는 2시간 쯤 걸린다. 픽업 포함 버스비 30위안.

호도협의 타라 게스트하우스 → 차오터우 호도협 트래킹의 종착점인 타라 하우스에선 오후 4시쯤 차오터우와 리장으로 돌아가는 버스를 운행한다. 버스를 놓쳤을 때는 봉고차를 전세 내는 방법이 있는데, 무려 180위안(약 3만 원)이다. 대게 타라 하우스에 도착하는 여행자들이 모여서 함께 봉고차를 빌린다.

차오터우 → 샹그릴라 제인스 게스트하우스 앞 큰 다리를 건너면 미니버스들이 대기하고 있다. '중뎬(中甸)'이라고 붙여진 버스를 탄다. 30위안. 2시간 소요.

샹그릴라 ≫ 베이징

중국대륙 남서부의 샹그릴라에서 4박 5일간 버스와 기차를 갈아타며 북동부의 베이징까지 대각선을 가로질렀다. 굳이 육로여행을 고집하지 않는다면 추천하고 싶지 않은 힘든 여정이었다.

샹그릴라 → 판즈화 샹그릴라 버스터미널에서 하루 세 차례 판즈화 행 버스 출발. 오후 5시에 출발하는 침대버스는 다음날 아침 9시쯤 판즈화에 도착했다. 버스비 140위안. 침대버스가 매우 낡고 지저분하기 때문에 반드시 개별 침낭이 필요하다. 장기간 버스여행을 견디기 위해서는 간식도 충분히 준비해야 한다.

판즈화 → 청두 오후 3시 37분에 출발한 기차는 다음날 아침 5시 반에 청두에 도착했다. 침대칸 예약이 꽉 차서 딱딱한 의자인 '경좌'를 타고 밤을 꼬박 새며 생고생을 했다.(경좌 103위안) 판즈화에는 하루 한 차례 베이징까지 직행하는 기차가 있지만 표를 구하기가 쉽지 않다. 우리도 어쩔 수 없이 청두까지 가서 다시 베이징 행 표를 끊었다.

청두 → 베이징 청두에서 베이징까지는 기차로 무려 2박3일이 걸린다. 청두에서 밤 10시에 출발해 이틀 후 아침 6시쯤 베이징에 도착했다. 1등석 4인실 침대칸 657위안.

만리장성 다녀오기 만리장성에서 가장 대중적인 팔달령을 가려면 북경북역에서 출발하는 기차를 이용한다. 고속버스는 손님이 다 차야만 출발하기 때문에 비수기에는 낭패를 볼 수 있다. 천안문광장 주변에서 사설택시들이 호객을 많이 하는데, 바가지를 쓰기 십상이므로 주의해야 한다. 북경북역에서 팔달령까지 1시간 30분 소요. 14위안. 돌아오는 기차는 오후 5시 이전에 타는 게 좋다. 그 기차를 놓치면 밤 7시 40분에 출발하는 막차를 타야 한다. 우리는 난방시설도 매점도 식당도 없는 기차역에서 3시간 동안 오돌오돌 떨며 막차를 기다리다가 감기몸살에 걸렸다.

중국 (텐진) ≫ 한국 (인천)

베이징 → 탕구 텐진신항터미널은 텐진 시내에서 50킬로미터 떨어진 '탕구'에 있다. 북경서역에서 정확히 오전 7시 20분에 출발하는 탕구행 기차 C2271을 타야 인천 행 배 시간에 맞출 수 있다. 차비 70위안. 탕구의 기차역에서 길 건너 왼쪽의 첫 번째 삼거리에서 우회전하면 텐진신항터미널로 가는 102번 시내버스 정류장이 있다. 30분 소요.

텐진항 → 인천항 텐진의 탕구항에서 목요일, 일요일 오전 11시에 인천 행 배가 출발해 다음날 저녁쯤 인천항에 도착한다. 베이징에서 진천훼리 배표를 구하기가 매우 힘들었다. 현재 진천훼리 인터넷 홈페이지에서는 서울에서 텐진으로 가는 배편만 예약할 수 있다.

진천훼리 북경대리점 지하철 왕징서역에 내려 '왕징서원4구'행 버스, 혹은 택시(기본요금 거리)를 탄다. 아파트단지 왕징서원4구의 410동 왼쪽으로 돌아가면 1층 창문에 '배표'라고 한국어로 써 붙여놓은 집을 발견할 수 있다.

add_ 조양구 왕징신청 410동 A—103호

tel_ (베이징 시내에서) 6477-2631 web_ www.jinchon.co.kr

동남아, 중국 비자 받기

태국 비자

한국인은 3개월 무비자. 이것도 부족한 장기체류자라면, 비자 기한이 끝나기 전에 캄보디아, 말레이시아, 라오스 등으로 국경을 넘어갔다 오면 다시 3개월 체류 비자를 받을 수 있다. 방콕에서는 캄보디아 국경이 가장 가깝다.

2010/ 9
2010/ 11

라오스, 베트남 비자 연장하기

한국인은 베트남과 라오스 양국 모두 15일 무비자로 여행할 수 있다. 그러나 15일은 두 나라 모두 여행하기에 너무 짧은 시간이다. 충분히 여행을 즐기기 위해서는 비자 연장이 필요하다. 라오스에서 비자 기한이 모자랄 땐 루앙프라방과 비엔티엔 이민국에서 연장을 받을 수 있다. 한 번 연장할 때마다 수수료 2달러. 하루에 2달러씩 계산되며 연장하고 싶은 만큼 연장할 수 있다. 무비자국인 태국과 베트남으로 국경을 넘어갔다 오는 방법이 있으나 비용이 많이 든다. 혹은 인근국의 라오스대사관에서 미리 30일짜리 관광비자(발급비 30달러)를 발급받아 갈 수도 있다.

베트남에서는 비자 연장 비용, 관광 비자 발급 비용모두 비싸다. 대부분 중부지역에서 가까운 라오스로 국경을 넘어갔다 온다.

2010/ 11

캄보디아 비자

국경에서 바로 30일짜리 관광 비자를 발급해준다. 비자비 20달러.

2010/ 12

중국 비자

태국, 베트남 등 인근국에서 미리 발급받아야 한다. 방콕의 중국대사관에서 발급받거나 카오산의 여행사에서 수수료를 내고 대행 받을 수 있다.

접수시간 월~금 09:00~11:30

준비물 여권, 사진 1장, 구비된 신청서

비자비 특급(당일 발급) 2300바트 / 급행(2,3일) 1900바트 /
보통(4일) 1100바트

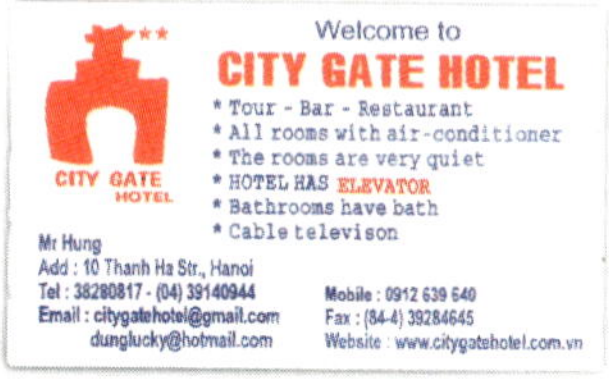
Welcome to
CITY GATE HOTEL
* Tour - Bar - Restaurant
* All rooms with air-conditioner
* The rooms are very quiet
* HOTEL HAS ELEVATOR
* Bathrooms have bath
* Cable televison
CITY GATE HOTEL
Mr Hung
Add : 10 Thanh Ha Str., Hanoi
Tel : 38280817 - (04) 39140944
Email : citygatehotel@gmail.com
dunglucky@hotmail.com
Mobile : 0912 639 640
Fax : (84-4) 39284645
Website : www.citygatehotel.com.vn

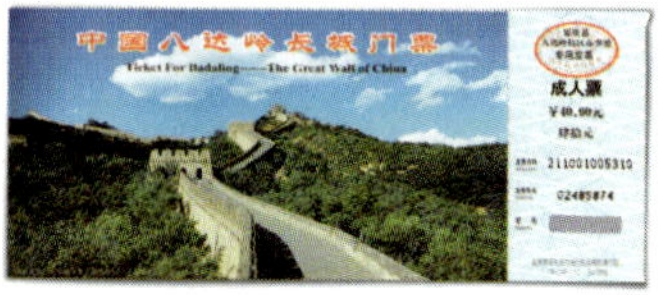
成人票

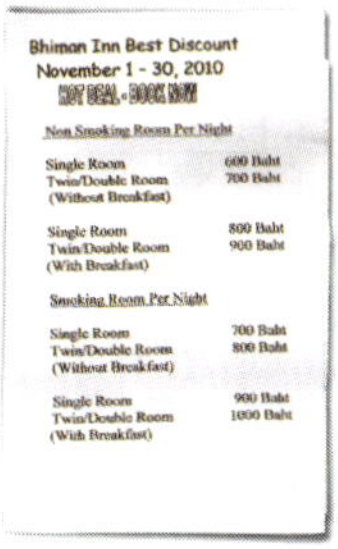
Bhiman Inn Best Discount
November 1 - 30, 2010
Non Smoking Room Per Night
Single Room 600 Baht
Twin/Double Room 700 Baht
(Without Breakfast)
Single Room 800 Baht
Twin/Double Room 900 Baht
(With Breakfast)
Smoking Room Per Night
Single Room 700 Baht
Twin/Double Room 800 Baht
(Without Breakfast)
Single Room 900 Baht
Twin/Double Room 1000 Baht
(With Breakfast)

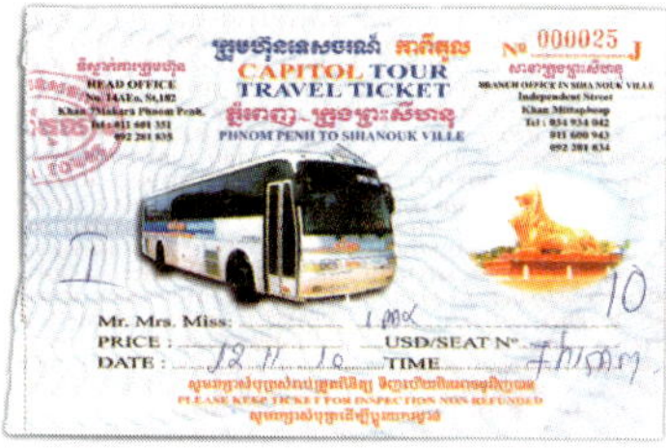
CAPITOL TOUR
TRAVEL TICKET
PHNOM PENH TO SIHANOUK VILLE
Nº 000025 J
HEAD OFFICE
BRANCH OFFICE IN SIHANOUK VILLE
Mr. Mrs. Miss:
PRICE :
USD/SEAT Nº
DATE :
TIME
PLEASE KEEP TICKET FOR INSPECTION NON REFUNDED

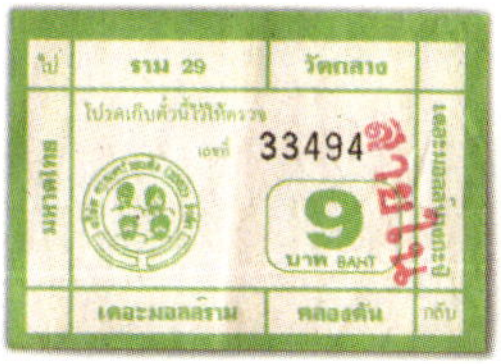
33494
9
BAHT

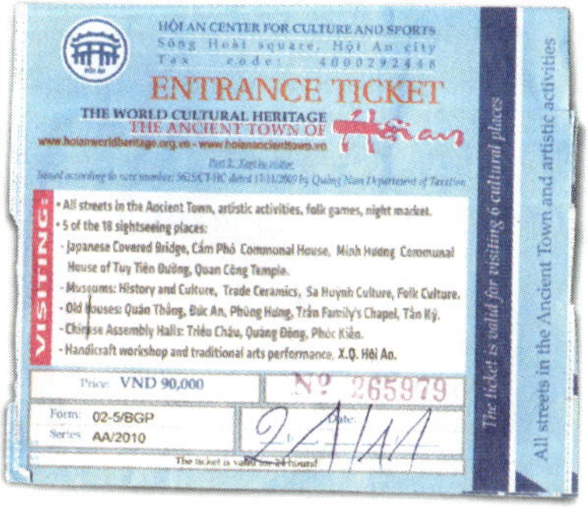
HỘI AN CENTER FOR CULTURE AND SPORTS
ENTRANCE TICKET
THE WORLD CULTURAL HERITAGE
THE ANCIENT TOWN OF Hội An
www.hoianworldheritage.org.vn - www.hoianancienttown.vn
VISITING
• All streets in the Ancient Town, artistic activities, folk games, night market.
• 5 of the 18 sightseeing places:
- Japanese Covered Bridge, Cầm Phô Communal House, Minh Hương Communal House of Tụy Tiên Đường, Quan Công Temple.
- Museums: History and Culture, Trade Ceramics, Sa Huỳnh Culture, Folk Culture.
- Old houses: Quân Thắng, Đức An, Phùng Hưng, Trần Family's Chapel, Tấn Ký.
- Chinese Assembly Halls: Triều Châu, Quảng Đông, Phúc Kiến.
- Handicraft workshop and traditional arts performance, X.Q. Hội An.
Price: VND 90,000
Nº 265979
Form: 02-5/BGP
Series: AA/2010
The ticket is valid for visiting 6 cultural places
All streets in the Ancient Town and artistic activities

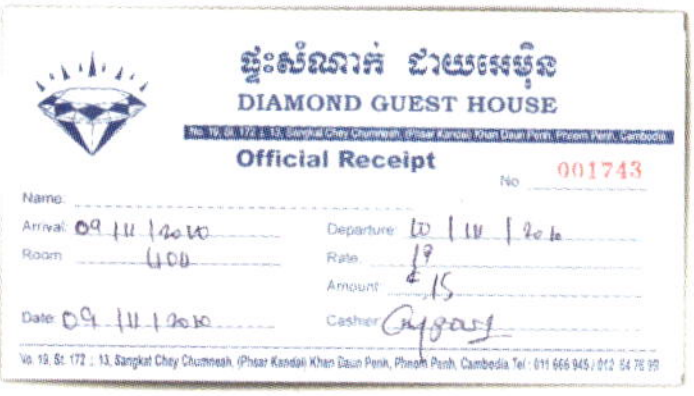
DIAMOND GUEST HOUSE
Official Receipt
No 001743
Name
Arrival
Departure
Room
Rate
Amount
Date
Cashier

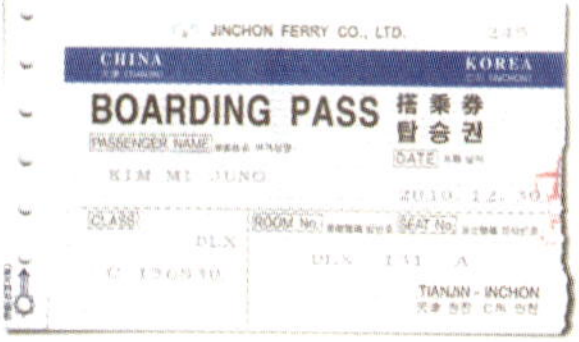
JINCHON FERRY CO., LTD.
CHINA
KOREA
BOARDING PASS 搭乘券 탑승권
PASSENGER NAME
DATE
CLASS
ROOM No.
SEAT No.
TIANJIN - INCHON

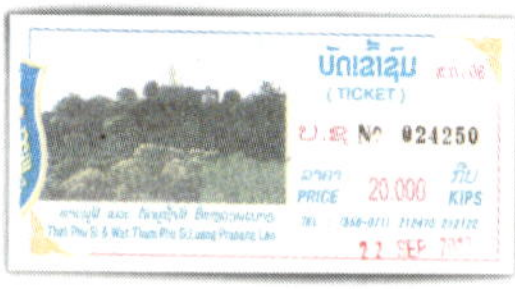
(TICKET)
Nº 024250
PRICE 20.000 KIPS

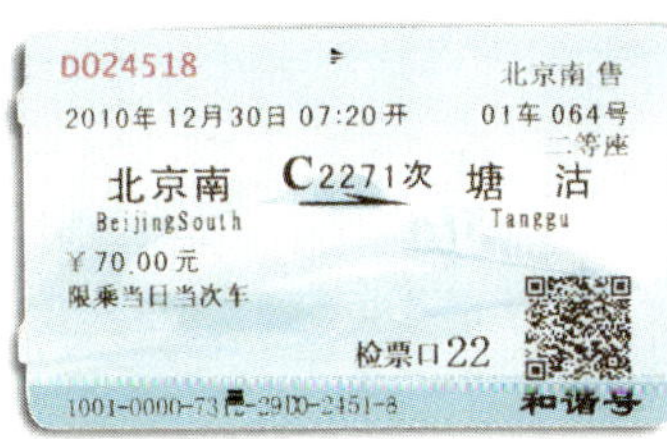

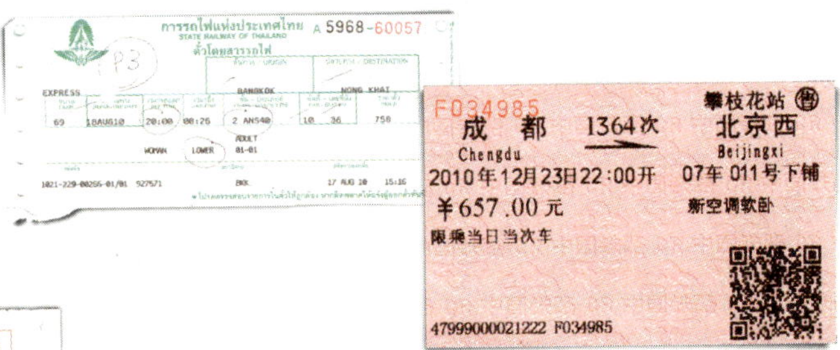

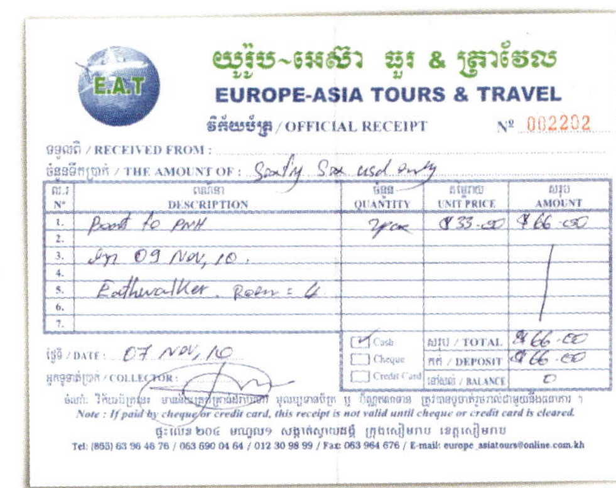

EUROPE-ASIA TOURS & TRAVEL

OFFICIAL RECEIPT — № 002202

RECEIVED FROM:
THE AMOUNT OF: Sixty Six usd only

N° / DESCRIPTION	QUANTITY	UNIT PRICE	AMOUNT
1. Boat to PNH	2pax	$33.00	$66.00
2.			
3. In 09 Nov, 10.			
4.			
5. Rathwalker. Room: 6			
6.			
7.			

☑ Cash   ☐ Cheque   ☐ Credit Card

TOTAL: $66.00
DEPOSIT: $66.00
BALANCE: 0

DATE: 07 Nov, 10
COLLECTOR:

Note: If paid by cheque or credit card, this receipt is not valid until cheque or credit card is cleared.

Tel: (855) 63 96 46 76 / 063 690 04 64 / 012 30 98 99 / Fax: 063 964 676 / E-mail: europe_asiatours@online.com.kh

미노와 시티맨의 숙소

2010/ 8/19

방콕 ≫ 동대문
add_ 25 Soi Chanasongkhram, Phra-artit road, Phranakorn
tel_ +66-(0)2-629-3988
comment_ 도미토리 22인실. 1인 200바트

2010/10/ 5

방콕 ≫ 비만 인
add_ Phra-sumen road, Banglanmpu
tel_ +66(0)2-282-6171,6175
web_ www.bhimaninn.com
email_ info@bhimaninn.com
comment_ 금연층과 흡연층으로 나누어 운영됨. 시설은 같지만 흡연층은 100바트 더
비싸다. 100바트를 추가하면 아침식사가 제공된다.
금연층 싱글룸 600바트 / 트윈룸·더블룸 700바트

2010/ 8/22

루앙프라방 ≫ 리버사이드 게스트하우스
add_ Ban Khili
tel_ +856(0)71212664, +856(0)2054041212
web_ www.guesthouse-riverside.com
email_ riversideguesthouse@yahoo.com
comment_ 한 달 체류했던 숙소. 지은 지 2년 된 깨끗한 목조건물. 숙박비는 25~50달
러로 방 크기에 따라 다르다. 우리는 장기체류를 조건으로 15달러에 흥정했다.

2010/ 9/24

방비엥 ≫ 리버힐 방갈로
tel_ +856(0)23511130
web_ www.saysong-guesthouse-riverhill-bungalows.com

2010/10/10

암파와 ≫ 전통 태국식 저택 반욕 홈스테이

tel_ +66(0)34761957, +66(0)892286653

web_ www.baanyok.com

2010/10/15

암파와 ≫ 반디프라답 리조트

tel_ +66(0)871703011, +66(0)871703404

web_ www.baandeepradap.com

comment_ 우리가 묵었던 반욕 홈스테이 맞은편 리조트.
과수원이 있는 넓은 벌판에 군인 출신 주인 할아버지가 직접 지은 방갈로들이 있다. 아침 포함 600바트. 친절한 주인 노부부가 아직까지 외국인이 묵은 적은 없다며 외국인 여행자들에게 소개를 부탁하셨다.

2010/11/ 3

시엠리엡 ≫ 얼스워커스

tel_ +855(0)63760107, +855(0)12967901

web_ www.earthwalkers.no

email_ siemreap@earthwalkers.no

earthwalkers@hotmail.com

comment_ ㄱ자형 건물의 뒷마당 한가운데 발바닥 모양의 수영장이 있다는 것이 가장 큰 장점. 방의 크기, 에어컨 유무에 따라 가격이 다르다. 우리가 묵었던 에어컨 없는 더블룸은 13.5달러. 캄보디아에서는 미국달러가 쓰인다.

2010/11/ 9

프놈펜 ≫ 다이아몬드 게스트하우스

add_ No.19 St.172 13, Sangkat Chey Chumneah,
(Phsar Kandal) Khan Daun Penh

tel_ +855(0)236377759, +855(0)11666945,
+855(0)12647699

email_ ladyqucen_pove@yahoo.com

comment_ 새로 지은 건물. 5층 꼭대기는 전망이 좋다. 욕실 포함 더블룸 15달러.

2010/11/12

시하눅빌 ≫ 코브 비치 방갈로

add_ Serrendipity Beach
tel_ +855(0)346380296, +855(0)12380296
web_ www.thecovebeach.com
email_ thecovebeach@gmail.cm

comment_ 몸통은 나무로 엮고 지붕은 짚으로 엮은 백퍼센트
내추럴 초가집이다. 벽과 바닥까지 구멍이 숭숭 뚫려 금방이라도 벌레들이 기어들 것 같
고, 아침에 일어나면 밤새 지붕에서 우수수 떨어진 지푸라기들이 온몸을 뒤덮고 있다.
모기장을 치지 않고 잔다는 것은 그야말로 모기에게 수혈하는 행위. 그러나 해변의 언
덕에 방갈로들이 계단처럼 층층이 지어졌기 때문에 모든 방에서 바다가 보인다. 발코니
에는 비치의자와 해먹이 있어 바다를 감상하기에는 그만이다. 선풍기 방갈로 아침포함
22달러. 1층 레스토랑에서 무료 와이파이 가능.

2010/ 8/22

호치민 ≫ 홍빈 호텔

add_ 28/1 Bui Vien Str., Pham Ngu Lao Ward, Dist.1
tel_ +84(0)89201382, +84(0)903873969
email_ hongvinh28@yahoo.com

comment_ 베트남의 미니호텔은 앞은 좁고 옆으로 길쭉한
형태이다. 같은 호텔이라도 발코니가 있는 방과 창문이 작은
방들은 가격과 시설에 차이가 크다. 우리는 이메일을 보내 미리 예약한 덕분에 운 좋게
도 발코니가 있는 큰 방을 15달러에 묵을 수 있었다.

2010/11/20

호이안 ≫ 푸틴 호텔

add_ 144 Tran Phu
tel_ +84(0)510-861297

comment_ 수백 년 된 중국식 여관이 21세기 여행자들을
맞아들이고 있는 특별한 곳. 건물 안쪽 방은 12달러. 매우 낡았지만 깨끗이 청소되어 있
다. 2층 테라스에 있는 방 두 칸은 15달러. 이 호텔의 스위트룸인 셈인데 넓고 분위기 있
는 옛날 가구로 꾸며져 있다.

2010/12/12

리장 ≫ 가든 인
tel_ +87-15108873494, +87-15284476463
web_ www.mayhostel.com
email_ mayhostel@gmail.com

2010/12/15

호도협 ≫ 차오터우의 제인스 게스트하우스
tel_ +87(0)8878806570, +87-13988727787
email_ janetibetgh@hotmail.com
comment_ 호도협 트래킹의 베이스캠프. 리장에서 차오터우 행
미니버스를 타면 제인스 게스트하우스까지 간다. 호도협 트래킹 정보와 리장 행과 샹그
릴라 행 버스 정보를 구할 수 있다. 도미토리 20위안. 욕실포함 더블룸 80위안. 짐 보관
하루 10위안. 와이파이도 가능하지만 전기가 잘 들어오지 않는다.

2010/12/15

호도협 ≫ 나시 패밀리 게스트하우스
tel_ +87-13087422492, +87-13988758424
comment_ 제인스 게스트하우스를 출발해서 3~4시간 오르면
닿을 수 있는 첫 번째 숙소.

2010/12/15

호도협 ≫ 차마 객잔
tel_ +87-13988717292, +87-13988707922
comment_ 점심 때쯤 마마 나시 게스트하우스에 도착한
여행자들은 다시 2~3시간을 더 올라 차마 객잔에 여장을 푼다.

샹그릴라 ≫ 람틴 호스텔

comment_ 샹그릴라 고성의 시팡광장을 오른쪽으로 돌아 첫 번째
왼쪽 골목 안에 있다. 2010년 8월에 문을 연 새 숙소.
샹그릴라에는 태양열 난방을 위해 통유리로 지어진 집이 많은데,
람탄 호스텔이 바로 통유리 안에 들어있는 숙소이다. 마치 샹그릴라의 작고 예쁜 골목
길이 통째 우리 방을 떠받치고 있는 것 같다. 도미토리 30위안.

청두 ≫ 심스 코지 가든 호스텔

tel : +86(0)28-83355322, tel_ tel_ +86(0)13330965557
web_ www.gogosc.com
email_ simscozy@hotmail.com
comment_ 청두역에서 28번 버스 운행. 미니호텔 형태의 깨끗하고 깜찍한 욕실 포함
더블룸 130위안.

베이징 ≫ 차이니즈 박스 호스텔

tel_ +86-1066186768
email_ leosonster@gmail.com
comment_ 지하철 4호선 서사(西四)역 A번 출구로 나와
사거리에서 좌회전, '西四北二' 골목으로 좌회전 해서 2백 미터 직진한다. 3백 년 된 유
명한 나무를 지나 5분쯤 걸으면 52번지 건물이다. 베이징의 옛날 동네 '후통'에 위치
해 있고, 천안문광장, 왕푸징 거리 등이 지하철로 5분 안에 연결된다. 도미토리 아침
포함 85위안.

EPILOGUE

TRAVELER

편집된 여행, 편집된 나

"우리의 여행은 무엇이었을까?"

"응?"

그 때 시티맨은 여객선 천인호의 눈보라 치는 갑판 위에서 멀어지는 텐진항을 바라보고 있었다. 그러고 보니, 그 질문은 그에게 던진 게 아니라, 나 자신에게 던진 것이었다. 드디어 여행의 종착지를 떠나 집으로 가는 망망대해 뱃길, 눈보라를 휘감아 치는 거친 파도는 몽환적인 느낌을 불러일으켰다. 비로소 끝인가. 여긴 대체 어딜까. 현실로 건너가는 꿈의 막다른 바다일까. 시티맨이 불쑥 답했다.

"이상한 여행."

"이상하단 말야. 예전의 내가 기억이 안 나."

예전의 나……, 나는 어떤 사람이었을까. 놀라운 일이었다. 나 역시 다섯 달 전의 내 모습, 나의 행동방식, 나의 생각들에 대해 완전히 잊고 있었다. 그로부터 두 달 후 이 책을 쓰기 시작하면서, 비로소 예전의 내 모습에 대해 하나하나 기억해 낼 수 있었다. 여행은 5개월 전의 '나라고 믿어온 나'를 전혀 다른 나로 편집해 놓았다.

시티맨은 자신에게 '틀렸다'고 말하는 사람을 처음 보았고 자신이 살면서 익숙하게 믿어온 것들이 이토록 뿌리부터 흔들리는 이상한 경험은 처음이라고 말했다. 하지만 그는 이 여행으로 자기 바깥에 존재하는 낯선 세상, 낯선 누군가에 대해, '이해하는 법', '믿는 법'을 배웠다고 했다.

나는 나의 바깥에 존재하는 누군가에게 생애 처음으로 가장 깊이 숨겨놓은 다락방의 문을 열었다. 그러나 막상 내 방에 들어온 타인은 침입자도, 이방인도, 여행자도 아니었다. 그는 언제나 가장 편한 옷을 입은 채 내 손을 잡고 창가에 다가가 함께 가랑비가 내리는 앞마당을 내다보았다. 이 여행으로, 나는 타인과 삶의 밑바닥까지 함께 내려가는 것이 그리 대단한 것도 힘겨운 것도 아니라는 것을 배웠다.

이 순간 여행 속에 지나간 모든 시간들, 모든 변화들은 우리의 기억속에 이렇게 편집될 것이다. 그러나 앞으로 살면서 우리의 여행은 또 끊임없이 재편집될 것이다. 그 땐 당신이 그랬잖아, 아니 당신이 그런 거지, 라며 투닥투닥 자기속에서 편집된 자기만의 기억을 우겨댈 것이고, 그 속에서 전혀 다른 기억이 등장할지도 모르고, 여행의 후속 드라마는 또 다른 방향으로 흘러갈지도 모른다.

시티맨과 나는 이제 가장 낯설고, 흥미진진한 여행을 시작하려 한다. 멀리 인천항이 보이기 시작했다. 2010년 12월 31일 오후 5시, 우리는 늦지 않게 그 해 마지막 일몰을 붙잡았다. 달라질 일상의 새로운 문을 열고, 우리는 발을 내딛었다.

삶은 여행처럼 흥미롭다

나는 이제 정말로 그와 결혼할 수 있다. 여기서 '결혼'이라 함은 시티맨이 충성을 맹세한 국가에 정식으로 보고 되는 결혼을 의미한다. 별다른 문제는 없다. 마흔이 넘은 막내아들이 드디어 결혼을 하겠다고 하니 시티맨의 부모님은 두 손 번쩍 들고 환영하셨고, 역시 만만찮은 노처녀 딸을 둔 나의 부모님도 무조건 데려가라고 하셨으니 말이다.

그러나 나에겐 이 모든 게 천지개벽할 대사건이니, 우선 나는 36년을 꿋꿋하게 지켜온 '반 결혼·반 가족주의'에 대한 신념을 일시에 무너뜨려야 했고, 한 공간을 어떤 남자와 나눠 쓰며 공생이라는 것을 해야 하는 전혀 다른 '라이프스타일'을 받아들여야 했으며, 무엇보다 인생은 결국 혼자 살아내는 것이라는 나의 신념과 야심찬 꿈들과 가슴 벅찬 여행의 계획들 옆에 누군가와 함께 살아가는 일상이 들어와 버린 것이다.

그러나 이 모든 걸 받아들이는 순간, 삶은 여행보다 가벼운 것으로 느껴지기 시작했다. 누군가와 그냥 손 붙잡고 투덕거리며 정겹게 사는 건 여행만큼이나 재미있을 것 같기도 하다. 아마 다섯 달의 여행이 아니었다면 나는 결코 이런 생각을 하지 못했을 것이다.

아무것도 하지 못하는 나이, 서른 여섯 살에, 나는 너무나 많은 것을 했다. 백수가 되었고, 글쓰기를 시작했고, 다시 여행을 떠났고, 시티맨을 만났고, 그리고 그 어렵다는 '결혼'이란 걸 결심했다. 삶은, 여행처럼 흥미롭다.

일상, 그리고

"에이, 끝을 이렇게 마무리하면 안 되지. 미노가 다시는 여행 안 가고 나랑만 살 거라고 생각할 텐데?"

"그래요? 그럼 약속한 거 다시 말해 봐요. 일 년에 한 번은 꼭 여행가기로 한 거."

"시티맨이 컨츄리맨이 될 때까지 평생 여행한다! 끝!"

덧붙임.

부모님께, 우리를 사랑해주시는 모든 분들께 감사드립니다.

미노, 시티맨 올림

1판 1쇄 인쇄	2011년 7월 7일
1판 1쇄 발행	2011년 7월 11일

지은이	미노
펴낸이	정원정, 김자영
편집	홍현숙

디자인	about by miz
캘리그라피	김동미
일러스트	bluespring

펴낸곳	즐거운상상
주소	서울시 용산구 문배동 11-14 이안1차 101동 오피스텔 202호
전화	02-706-9452 팩스_02-706-9458 전자우편_happywitches@naver.com
출판등록	2001년 5월 7일
인쇄	백산하이테크

ISBN 978-89-92109-83-3

TRAVEL TO LOVE

GOOD-BYE